| 개정판 |

식생활 속의

유기화학

류혜숙 · 최해연 · 김경옥 · 이옥환 공저

ORGANIC CHEMISTRY for FOOD

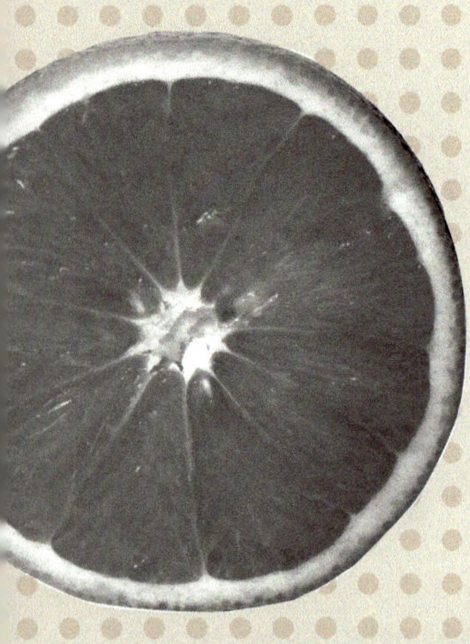

머리말

유기화학은 식품영양학을 전공하는 학생들이 어려워하고 부담스러워하는 과목 중의 하나이다. 화학에 대한 막연한 선입견도 문제이지만, 유기화학에서 다루어지는 내용이 워낙 광범위하기 때문이기도 하다. 유기화학은 의약으로부터 기계공학, 농업, 식품에 이르기까지 거의 모든 이공계 영역에서 중요한 기초화학으로 자리매김하고 있다. 이렇게 광범위한 유기화학 분야를 식품, 영양학의 이해를 위해 모두 다루는 것은 쉽지 않은 일이다. 중요한 것은 전공 분야에 맞는 식품 유기화합물의 구조와 성격, 영양소의 구성과 실험실에서 접하게 되는 여러 가지 화합물의 명명법 등을 이해하는 것이다.

따라서 이 책은 식품영양학을 전공하는 학생들을 위해 식품, 영양 분야를 이해하는 데 필요한 기본적인 내용을 중심으로 구성하였을 뿐만 아니라, 생활 속의 유기화학부터 최근의 경향까지 다루어, 보다 더 친근하게 접할 수 있도록 하였다. 인체를 구성하는 원소, 이들이 이루어 내는 영양소와 식품유기화합물에 대한 전반적인 지식으로 식품영양관련 전공자들이 다른 과목을 공부하는 데 꼭 알아두어야 할 기초적인 화학인 셈이다.

끝으로 이 책을 통해 앞으로 여러분들이 공부하게 될 전공 분야를 이해하는 데 탄탄한 기초가 되길 바라며, 또한 유기화학 과목을 즐기고 유기화합물들의 구조나 명명법이 친구의 이름을 익히듯이 친숙하고 자연스러워지기를 희망하며, 추가 보완된 식품의 화학부분과 생활 속의 유기화학을 통하여 식품학, 식품화학과 영양학을 이해하는데도 도움이 되기를 기대한다.

저자일동

식생활 속의 유기화학 contents

Chapter 01 유기화학의 화합물

Chapter 02 전자의 구조와 화학결합

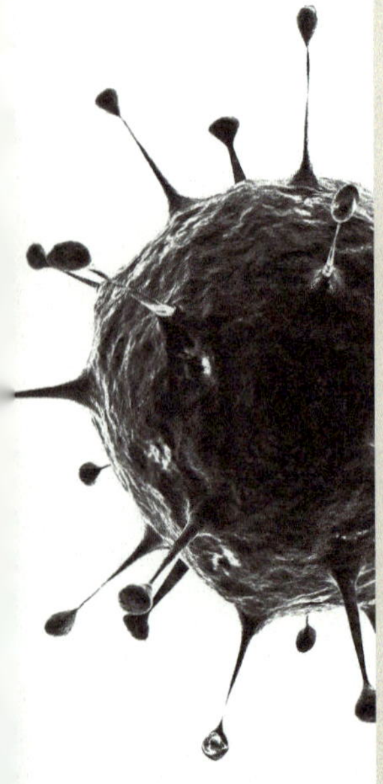

Chapter 03 유기화합물의 기본 골격

Chapter 04 알코올과 할로겐 화합물

식생활 속의 유기화학 contents

Chapter 05 화학반응

Chapter 06 작용기

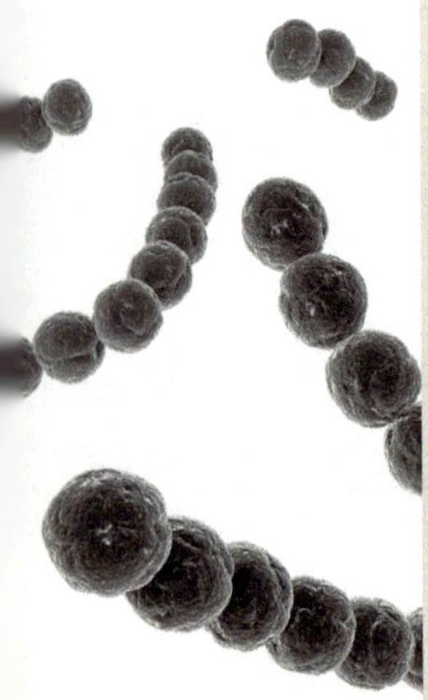

Chapter 07 입체화학

Chapter 08 탄수화물의 화학

식생활 속의 유기화학 contents

Chapter 09 지질의 화학

Chapter 10 단백질의 화학

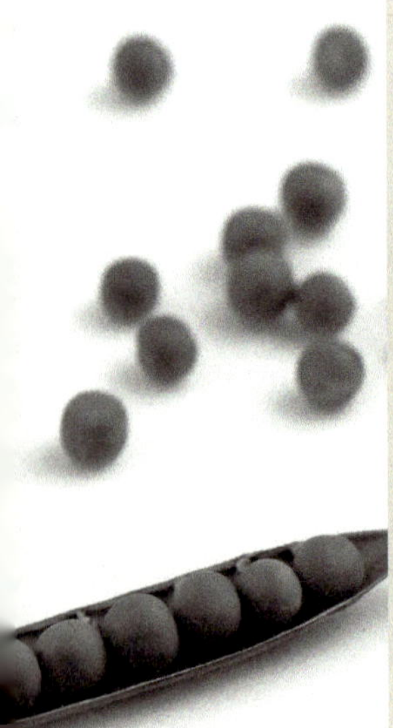

Chapter 11 식품유기화학

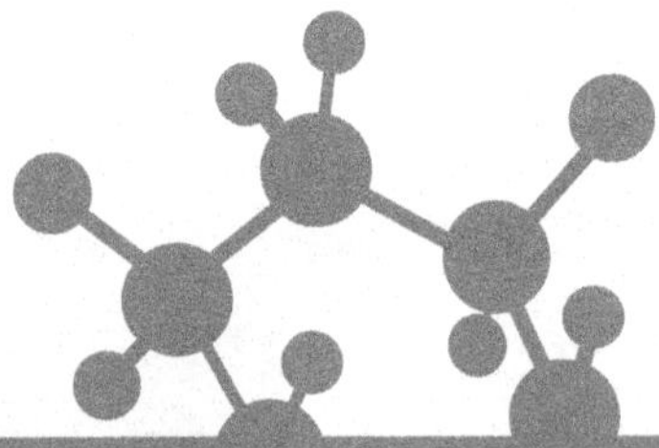

Chapter 01

유기화학의 화합물

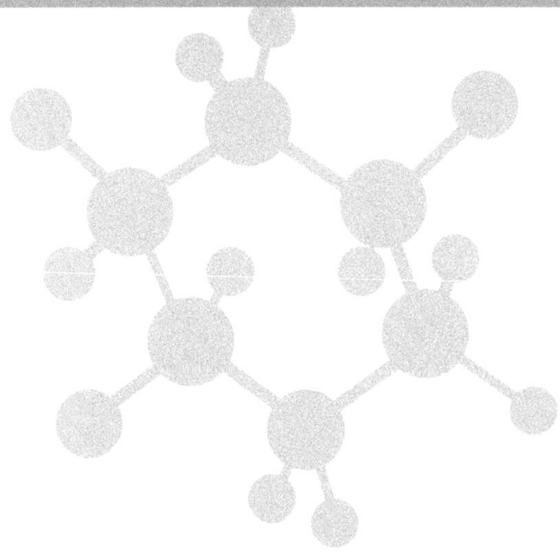

1. 유기화학이란?
2. 유기화학의 역사
3. 유기화학물의 개요
4. 유기화학물의 특성
5. 유기화학물과 무기화합물의 차이
6. 인체를 구성하는 원소와 유기화합물(영양소)

1. 유기화학이란?

유기화학(organic chemistry)은 탄소를 포함하는 분자들에 관한 연구이자 탄소화합물의 화학이다. 탄소를 포함하는 대부분의 화합물을 '유기분자' 라고 하는데, 탄소를 포함하는 분자이지만 일반적으로 '유기' 라고 부르지 않는 분자들은 탄소의 산화물(예: CO, CO_2)로 간주하여 예외로 한다. 최근에는 유기화학에 관한 광범위한 연구 결과로 신물질과 우리의 생명을 연장시키는 신의학이 발달하였는데 탄소를 포함한 분자들에 관해 연구하는 학문인 유기화학을 공부함으로써 유기화합물로 구성된 식품의 구조와 원리를 이해하고 습득하며 특히 식품의 성분, 구조는 물론 나아가 인체를 구성하고 있는 영양소, 원소를 이해하는 데 도움이 될 것이다.

2. 유기화학의 역사

생명과 생물체에 관심있는 사람이라면 유기화학에 대한 기초적인 이해가 있어야 한다. 유기화학의 토대는 1700년대 중반 무렵, 당시 연금술사들이 살아 있는 생물체와 광물질로부터 얻어지는 화합물 사이에는 설명하기 어려운 차이점이 있다는 것을 알게 되면서부터 시작된다. 스웨덴의 화학자 토르베른 베리만(Torbern Bergman)은 1770년에 처음으로 '유기물질' 과 '무기물질' 간의 차이를 언급하였고, 유기화학이라는 용어는 곧 살아 있는 유기체로부터 유래되는 화합물의 화학을 의미하게 되었다. 그러나 시간이 지남에 따라 유기화합물을 무기화합물과 같이 실험실에서 다룰 수 있음이 명백해졌고, 무기화합물로부터 유기화합물이 인공적으로 합성될 수 있다는 것이 밝혀졌다. 1828년 독일의 화학자 프리드리히 뵐러(Friedrich Wöhler)는 최초로 '무기' 염인 시안산암모늄을 소변에서 분리하여 '유기' 화합물인 요소(urea)를 인공적으로 합성하는 데 성공하였다.

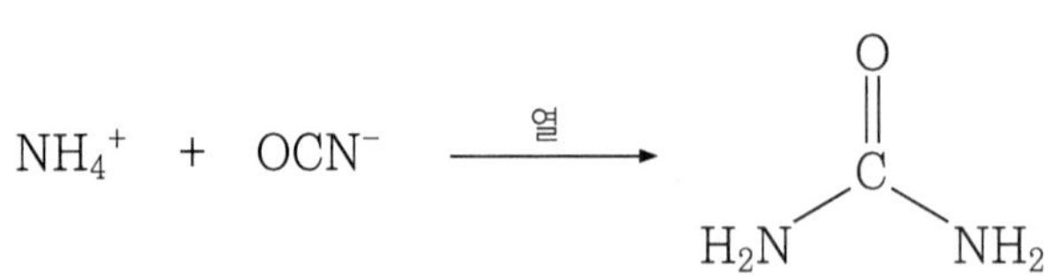

시안산암모늄 (ammonium cyanate) 요소 (urea)

3. 유기화합물의 개요

탄소를 기본 골격으로 하여 수소(H), 산소(O), 질소(N), 황(S), 인(P), 할로겐 등이 결합되어 만들어진 물질로, 예전에는 유기체 내에서만 만들어진다고 생각하여 유기화합물이라 하였다.

1828년 독일의 뵐러가 무기물에서 유기물을 최초로 합성하여 유기화합물이라는 의미가 없어져 탄소화합물로 부르게 되었으며, 즉 유기화합물이란 탄소를 포함한 화합물을 뜻한다.

알아두세요

탄소는 4족 원소로서, 4개의 원자가 전자를 가지고 있으며 4개의 공유결합이 가능하다.

4. 유기화합물의 특성

성분원소는 탄소(C), 수소(H), 산소(O), 질소(N), 황(S), 인(P) 등이나, 그 화합물의 수는 1,000만 종 이상 존재한다.

공유결합(분자성 결합)을 하며 주로 C-C 사이의 골격이 주를 이루는데 공유결합을 하는 분자는 반응 속도가 느리고 녹는점, 끓는점이 낮으며 대부분 비전해질이다.

이성질체가 많이 존재하고 대부분 물에 녹지 않는 성질을 가지고 있다.

5. 유기화합물과 무기화합물의 차이

	유기화합물	무기화합물
원소구성	C, H, O가 주종을 이루며 그 외 N, S 등을 포함	성분원소 100종류 이상
결합형태	공유결합	이온결합
내열성	열에 불안정	열에 안정
용해성	물에 녹지 않는 것이 많다.	물에 녹는 것이 많다.
연소성	연소하며 CO_2나 H_2O를 생성한다.	연소하기 어렵다.
전해질	비전해질의 화합물이 많다.	물에 녹아 전리하는 것이 많다.

알아두세요

비전해질이란?

어떤 물질이 유극성 용매에 녹았을 때, 즉 용액의 상태에서 이온으로 해리되어 전기전도성을 갖는 전해질과 달리 비전해질은 이온으로 전해되지 않는 물질

예 대표적인 비전해질: 알코올, 벤젠, 설탕 등

6. 인체를 구성하는 원소와 유기화합물(영양소)

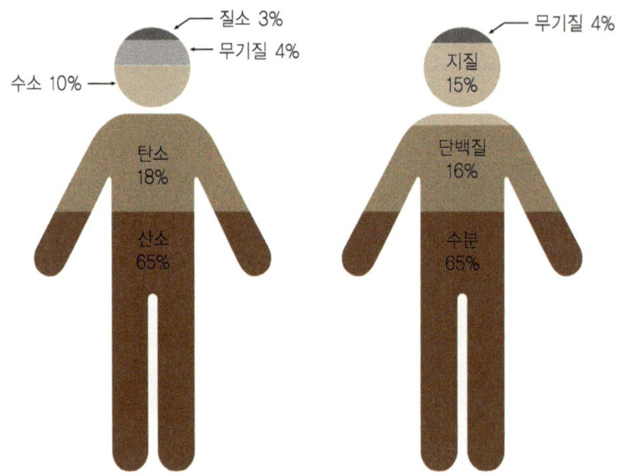

원소 영양소

우리의 인체는 약 65%가 수분으로 이루어져 있으며 단백질, 지방, 무기질과 1%의 탄수화물로 이루어져 있다. 이러한 수분, 단백질, 지방, 탄수화물은 산소, 탄소, 수소, 질소 등과 같은 원소로 구성되어있다. 산소, 탄소, 수소, 질소는 비금속 원자이며, 1기압 상온에서 산소(O), 수소(H), 질소(N)는 기체 상태를 띠고 탄소(C)는 고체 상태를 띤다.

산소는 지구의 지각에서 약 46.6%, 인체에서 약 65%으로 가장 높은 비율을 차지하고 있는 원소이다. 안정된 상태의 산소는 인체의 호흡과정, 에너지 대사 과정, 흡연, 자외선 노출 등에 의해 높은 에너지와 불안정한 상태인 활성 산소를 형성하기도 하며, 이 활성 산소는 체내의 조직, 세포, DNA 등을 공격하여 조직 및 세포 손상, DNA 변형, 암 등을 유발시킨다.

수소는 우주에서 약 74%로 가장 많은 원소이며 가볍고 물(H_2O)을 구성하는 원소이다.

또한 자연계에 존재하는 대부분 수소는 원자핵에 중성자가 없고 하나의 양성자를 가진 경수소이다.

질소는 대기 중 약 78%로 가장 높은 비율을 차지하고 있는 기체로, 인체에 필요한 3대 영양소 중 유일하게 단백질만이 질소 원자를 포함하고 있다. 공기 중에 질소가 과도한 경우 산소부족증이 초래되어 질식사를 유발하기도 한다.

탄소는 흑연, 다이아몬드, 플라스틱 석유화학, 화석 연료 등을 구성하며, 인체의 구성 원소 중 두 번째로 많은 비율(18%)을 차지하고 탄수화물과 단백질의 골격을 형성하는 유기화합물이다. 탄소의 원자가는 4가로 최대 4개의 원소와 결합할 수 있다. 탄소와 산소, 수소가 결합하면 탄수화물, 지방, 에스테르, 카로티노이드, 알코올 등 생화학 화합물을 형성할 수 있다. 탄소와 인 등이 결합하면 DNA, RNA, 에너지 화폐인 ATP 등을 형성한다.

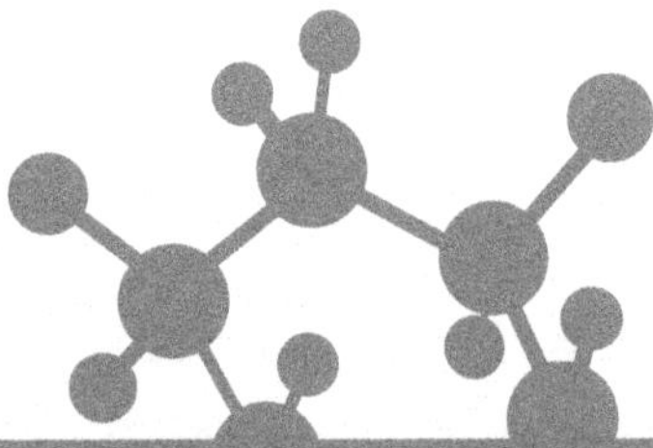

Chapter 02

전자의 구조와 화학결합

1. 원자의 구조
2. 원자 내부의 전자분포
3. 화학결합

1. 원자의 구조

(1) 원자

원자(atom)는 화학반응(chemical reaction)을 통해 더 쪼갤 수 없는 단위로서, 원자들은 중심에 양전하(+전기량)를 띤 원자핵(atomic nucleus)과 그 주위에 회전하는 음전하(−전기량)를 띤 전자(electron)로 구성되어 있다. 즉 원자핵을 중심으로 전자들이 회전하고 있다.

원자핵을 중심으로 전자들이 회전하고 있는 공모양의 궤도를 전자껍질(electron shell)이라고 부르는데, 전자는 시간의 대부분(90~95%)을 핵 부근의 궤도함수(orbitals) 공간지역 내에서 보낸다.

각 원소는 고유의 원자번호(atomic number)를 지니고 있으며 원자번호는 그 원소의 핵 내 양성자 수와 같다. 또한 중성원자에서 원자번호는 핵을 둘러싸고 있는 전자의 수와 같다. 원자번호가 6인 탄소는 6개의 양성자와 6개의 전자를 가진 중성원자이다. 한 원자의 질량수(mass number)는 양성자와 중성자의 개수를 합한 것이다. 모든 탄소원자는 같은 수의 양성자를 갖기 때문에 원자번호가 같다. 하지만 모든 탄소원자들은 같은 수의 중성자를 갖지 않기 때문에 같은 질량수를 갖지 않는다. 예를 들어 자연에 존재하는 98.89%의 탄소원자에는 6개의 중성자가 있다. 질량수는 12이다. 탄소원자 즉 $^{12}_{6}C$ 는 6개의 양성자와 6개의 중성자로 되어 있다. 한 원자핵에 들어 있는 양성자의 수는 그 원소의 기본적인 성질을 나타내며, 그 원소의 원자번호라고 한다. 이처럼 같은 원자번호를 갖고 있으면서 질량수가 다른 원자들을 동위원소(isotope)라 한다.

예를 들면 $^{1}_{1}H$ 수소, $^{2}_{1}H$ 중수소, $^{3}_{1}H$ 삼중수소의 세 종류의 동위원소가 있으며 이들은 질량이 서로 다르다. 동위원소는 원자번호가 같으므로 양성자 수가 같지만 중성자 수가 다르기 때문에 질량수는 다르다.

$$^{1}_{1}H \quad ^{12}_{6}C \quad ^{14}_{7}N \quad ^{16}_{8}O \quad ^{235}_{92}U$$

원자	양성자 수	중성자 수	전자 수	질량 수
$^{1}_{1}H$	1	0	1	1
$^{12}_{6}C$	6	6	6	12
$^{14}_{7}N$	7	7	7	14
$^{16}_{8}O$	8	8	8	16
$^{235}_{92}U$	92	143	92	235

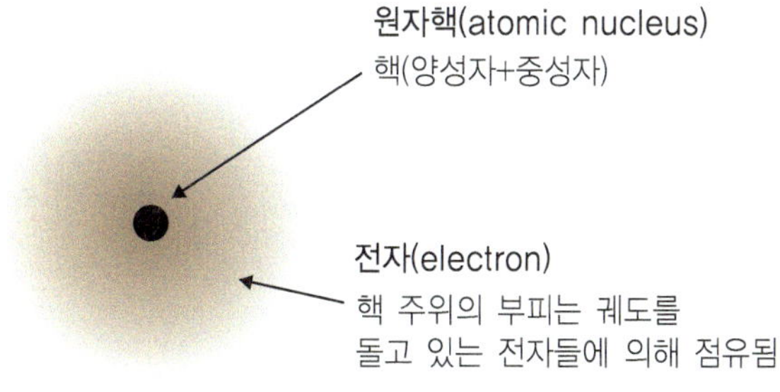

〈원자구조〉

(2) 분자

자연계에 존재하는 모든 물질들은 분자로 구성되어 있는데, 분자는 순수한 물질의 기본 단위로 원자들로 구성되어 있다. 물은 H_2O, 설탕은 $C_{12}H_{22}O_{11}$ 분자의 집합체이며 이러한 분자들은 원자의 결합에 의해 생성된다. 또한 식탁염은 NaCl 분자의 모임이며, 이 분자는 Na^+ 및 Cl^-와 같이 전자를 띤 입자들로 이루어져 있는데 이와 같이 전자를 띠고 있는 원자나 원자들의 모임을 이온(ion)이라 한다. 이러한 이온은 중성원자가 전자를 얻거나 잃음으로써 생산된다. Na^+와 Cl^- 이온은 다음과 같이 생성된다.

예를 들어 Na 원자(양성자 11개, 전자 11개)
→ Na^+ 이온(양성자 11개, 전자 10개) + e^- (전자 잃음)
Cl 원자(양성자 17개, 전자 17개)
→ Cl^- 이온(양성자 17개, 전자 18개) + e^- (전자 얻음)

헬륨(He), 네온(Ne)과 같은 단원자분자를 제외하고는 분자에는 2개 이상의 같은 원소의 원자나 다른 원소의 원자가 포함되어 있다. 이때 한 가지 원소만으로 된 분자들의 모임을 단체 또는 원소(element)라 하며 2종 이상의 원자로 되어 있는 분자들의 모임을 화합물(compound)이라 한다. 분자의 종류는 그 분자를 이루고 있는 원소의 종류와 원자의 개수를 나타내는 분자식(molecular formula)을 보면 알 수 있다. 광합성에 의해 생성되는 포도당의 분자식은 $C_6H_{12}O_6$이며 이는 6개의 탄소, 12개의 수소 및 6개의 산소원자로 구성되어 있는 분자임을 표시한다.

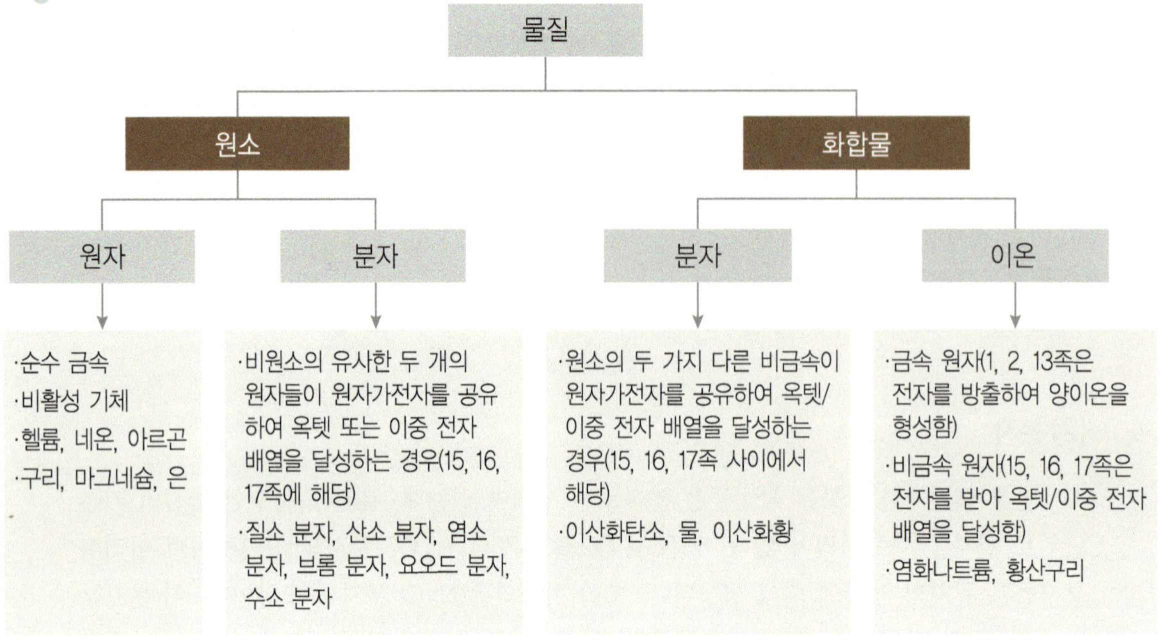

〈물질이란? 원자, 분자, 원소 및 화합물의 차이〉

2. 원자 내부의 전자분포

원자 내부의 전자들은 핵을 둘러싸고 있는 한 세트의 껍질들을 채우고 있다고 생각할 수 있다. 각 껍질에는 원자 오비탈(atomic orbital)이라고 불리는 부껍질이 있다. 첫째 껍질은 s원자 오비탈로만 이루어져 있다. 둘째 껍질은 s와 p원자 오비탈로 이루어져 있고 셋째 껍질은 s, p와 d원자 오비탈로 이루어져 있다. 이러한 여러 가지 전자배열 상태는 n=1, 2, 3, 4, 5 등으로 나타내기도 하고, K, L, M, N, O 껍질 등으로 나타내기도 한다. 이때 중앙의 원자핵에 가장 가깝고 위치에너지가 가장 낮은 것이 K각이고 그 뒤 순차적으로 L각, M각, N각, O각의 순이다.

- **전통적 관점**

원자의 구조는 전자가 핵을 돌고 있는 구조라고 설명한다.

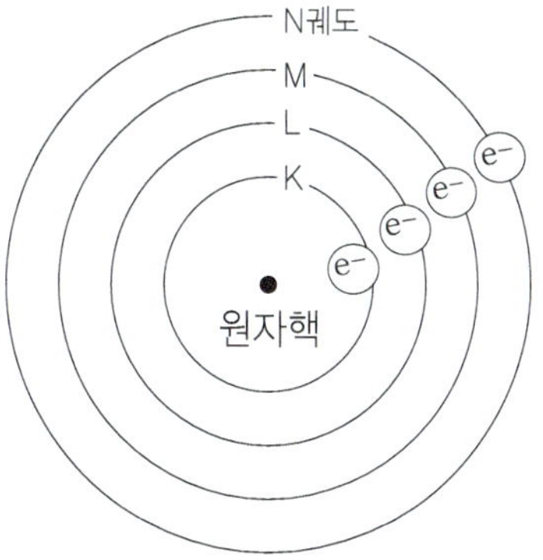

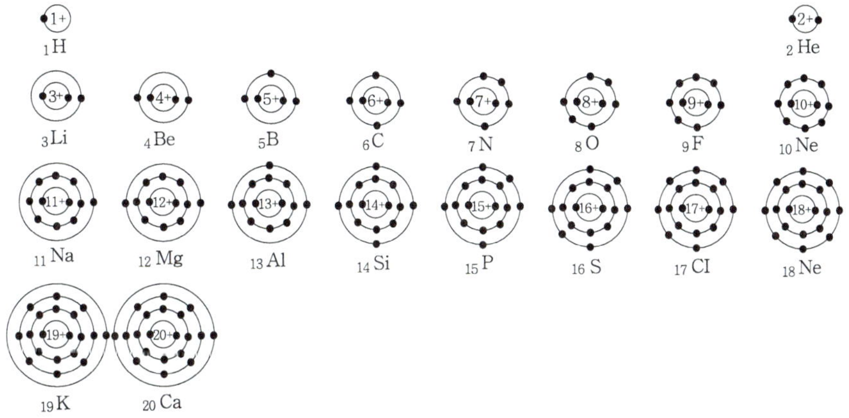

〈보어의 전자모델에 의한 전자배치〉

- **현대적 관점**

  전자가 파동으로 되어 있다고 설명한다.

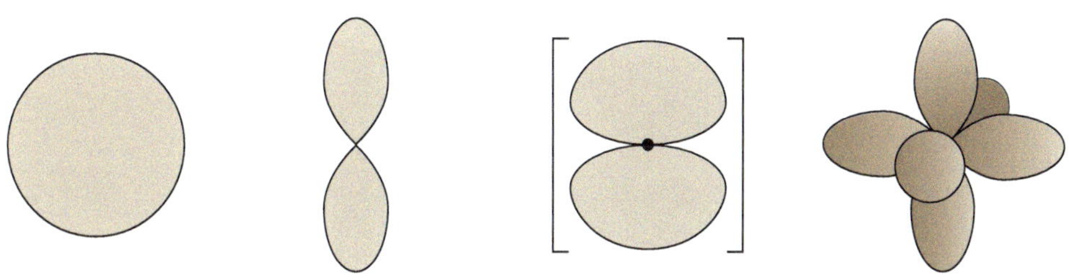

s 궤도함수 *p* 궤도함수 2*p* 궤도함수 3개의 2*p* 궤도함수

* 첫번째 껍질: *s*(둥근모양), 두번째 껍질: *s*+*p*(아령모양), 세번째 껍질: *s*+*p*+*d*

〈주기율표상의 열한 번째 원소들의 전자배치〉

원자	원소	원자 수	1*s*	2*s*	2*px*	2*py*	2*pz*	3*s*
H	수소(hydrogen)	1	↑					
He	헬륨(helium)	2	↑↓					
Li	리튬(lithium)	3	↑↓	↑				
Be	베릴륨(beryllium)	4	↑↓	↑↓				
B	붕소(boron)	5	↑↓	↑↓	↑			
C	탄소(carbon)	6	↑↓	↑↓	↑	↑		
N	질소(nitrogen)	7	↑↓	↑↓	↑	↑	↑	
O	산소(oxygen)	8	↑↓	↑↓	↑↓	↑	↑	
F	불소(fluorine)	9	↑↓	↑↓	↑↓	↑↓	↑	
Ne	네온(neon)	10	↑↓	↑↓	↑↓	↑↓	↑↓	
Na	소듐(sodium)	11	↑↓	↑↓	↑↓	↑↓	↑↓	↑

원자 오비탈의 상대적인 에너지: $1s < 2s < 2p < 3s < 3p < 3d$

원자의 전자구조(electronic structure)는 전자들이 어떤 오비탈을 채우는지를 나타낸다. 예를 들어 전자수가 26인 Fe(원자) 내부의 전자분포는 아래와 같다.

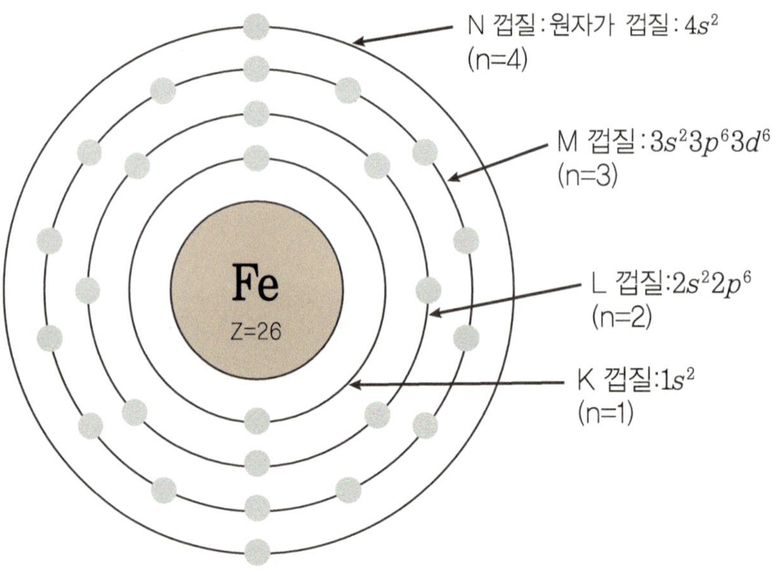

〈전자수가 26인 Fe(원자) 내부의 전자분포〉

원자의 전자구조를 결정하기 위해서 다음의 세 가지 규칙이 사용된다.

① 전자는 에너지가 가장 낮은 빈 오비탈을 먼저 채운다.
② 한 오비탈에는 2개 이상의 전자가 채워질 수 없고, 한 오비탈을 채우는 2개의 전자는 반드시 반대 스핀을 가져야 한다.
③ 같은 에너지를 가진 2개 이상의 오비탈이 있을 때 전자는 다른 전자와 쌍을 이루기 이전에 빈 오비탈을 먼저 채운다.

내부껍질(제일 바깥쪽 껍질보다 안쪽에 있는 껍질)에 있는 전자들은 핵심부 전자(core electron)라 하고, 제일 바깥쪽 껍질에 존재하는 전자들은 원자가전자(최외각전자, valence electron)라 한다. 즉 원자가전자는 가장 외부의 껍질에 존재하는 전자를 말하며, 이들은 화합결합과 반응에 관여하는 전자이다.

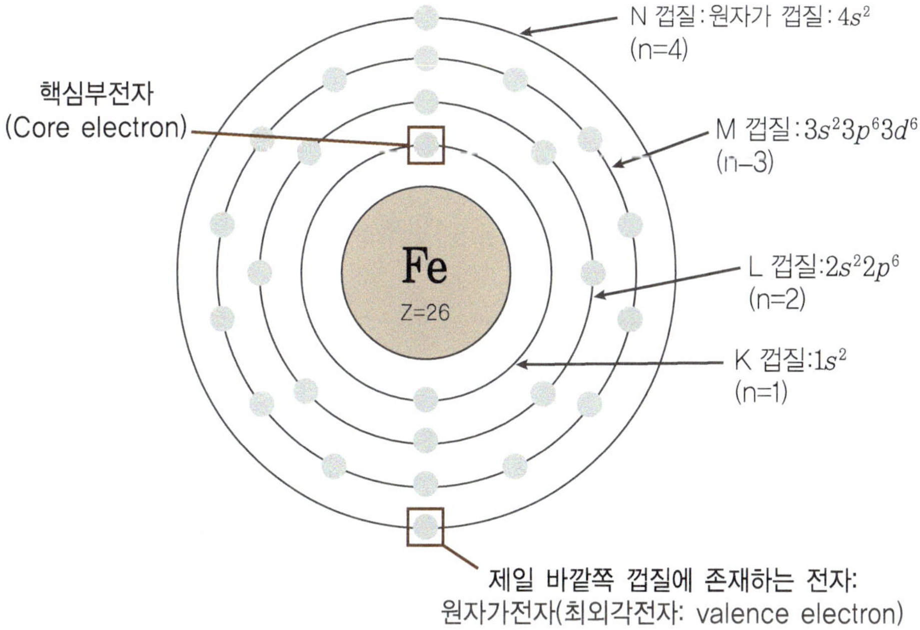

〈Fe(원자)의 핵심부전자와 원자가전자〉

알아두세요

① 원자가전자(최외각전자)

원자가전자는 가장 높은 주양자수에 들어 있는(가장 바깥 껍질에 들어 있는) 전자의 수를 말하는 것이며, 이 원자가전자의 수는 물질의 화학적 성질을 지배하게 된다.

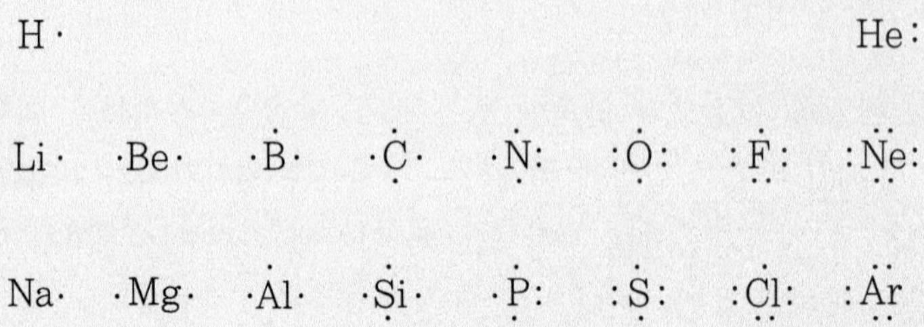

〈원자가전자 표시방법〉

② Unpaired electron(홀전자)

원자가전자들 중 짝이 지어지지 않은 전자를 의미하며 하나의 오비탈에 전자 2개가 쌍을 이루고 있으면 전자쌍이라고 부르고 한 개의 전자만 있으면 홀전자라고 부른다.

③ Octet rule(8전자규칙)

원자가전자는 최대 8개까지만 가질 수 있다는 원리이며 화학에서 가장 중요한 원리 중의 하나이다. 원자가전자가 8개가 되면 안정화된다.

예 아르곤(Ar), 네온(Ne)…영족기체

3. 화학결합

화학결합(chemical bond)이란 원자 또는 원자단의 집합체에서 그 구성 원자들 간에 일어나는 작용으로 하나의 단위체로 간주할 수 있게 하는 힘 혹은 결합을 말한다. 화학결합은 이온결합, 공유결합, 금속결합, 배위결합 등으로 구분할 수 있다.

(1) 이온결합

나트륨(Na)과 같이 전기음성도가 작은 원자는 최외각껍질의 전자를 다른 원자에 주고 자기 자신은 네온(Ne)의 전자배열을 갖추어 안정된 상태를 이루려고 한다. 반면 플루오린(F)

과 같이 전기음성도가 큰 원자는 다른 원자로부터 전자를 받아서 최외각껍질에 8개의 안정한 전자배열을 갖추려고 한다. 결국 Na이 전자를 주고 양이온이 되고, F가 전자를 받아 음이온으로 하전 되면 정전기적 인력(electrostatic force)에 의해 염(salt)을 형성하게 된다. 이러한 결합방식을 이온결합(ionic bond)이라 한다. 즉 한 원자가 자신의 최외각전자를 상대방의 원자에 내어 주고 자신은 (+)이온이 되고, 상대방은 (−)이온이 된다.

알아두세요

쿨롱의 힘

이온이 되었을 경우에는 양이온과 음이온 사이의 정전기적 인력(쿨롱의 힘)에 의하여 결합이 형성되며 이것을 이온결합이라고 한다. 즉 이온결합은 양이온이 되려는 성질이 강한 금속이온과 음이온이 되려는 성질이 강한 비금속 이온 사이의 정전기적 인력에 의하여 생성되는 결합이다.

예 $Na^+ + Cl^- \rightarrow NaCl$

(2) 공유결합

공유결합(covalent bond)은 전자쌍을 공유하는(shared electron pair) 화학결합이다. 전기음성도가 서로 비슷한 원자들은 전자를 공유함으로써 불활성기체와 같은 안정한 전자배치를 취하려고 하는데, 이러한 결합을 공유결합이라고 한다. 유기화학의 결합을 연구하는 데 있어서 가장 중요한 결합방식이다. 결합방식은 1916년 캘리포니아 대학의 G. N. Lewis가 처음 제시하였다.

예 H• •H → H:H

두 수소원자에 각각 1개씩 전자가 있다. 수소분자 두 전자쌍을 공유함으로써 공유결합을 한다.

예 플루오린화 수소(불화수소) → H:F̤̈:

〈주요 원소의 공유결합수〉

원소	원자가전자수	공유결합수
수소(H)	1	1
탄소(C)	4	4
질소(N)	5	3
산소(O)	6	2
플루오린(F)	7	1

(3) 극성 공유결합과 비극성 공유결합

F-F와 H-H 공유결합에서 결합전자를 공유하고 있는 양쪽 원자들은 같다. 그러므로 두 원자는 전자들을 동등하게 나누어 갖는다. 즉 공유전자들이 한 원자 근처에서 보내는 시간은 다른 원자 근처에서 보내는 시간과 동일하다. 이런 결합을 비극성 공유결합(nonpolar covalent bond)이라 한다.

이와는 대조적으로 염화수소(hydrogen chloride), 물, 암모니아 등의 결합전자는 결합전자를 공유하는 2개의 원자가 다르고 서로 다른 전기음성도를 가지고 있으므로 결합전자는 전기음성도가 큰 원자 쪽으로 끌리게 된다. 전기음성도(electronegativity)는 한 원자가 결합전자를 자기 쪽으로 끌어당기는 성향이다. 염화수소, 물, 암모니아 등의 결합전자는 더 큰 전기음성도를 가진 원자 쪽으로 끌리게 된다. 극성 공유결합(polar covalent bond)은 서로 다른 전기음성도를 가진 원자들 사이의 공유결합을 말한다. 주기율표의 같은 주기에서 왼쪽에서 오른쪽으로 갈수록, 같은 족에서 아래에서 위쪽으로 갈수록 전기음성도가 증가하는 것을 알 수 있다.

1) 전기음성도

원자가 다른 원자와 결합할 때 전자를 잃고 +전하(양전하)를 갖는 경향이 있는 원자와, 전자를 다른 원자로부터 얻고 −전하(음전하)를 갖는 경향이 있는 원자가 있다. 앞에서 말한 것은 전기적 양성원자라고 하고 리튬(Li), 나트륨(Na), 칼슘(Ca) 등의 금속원소가 이에 속한다. 후자를 전기적 음성원자라고 하며 플루오린(F), 염소(Cl), 브롬(Br) 등의 할로겐원소, 산소(O), 황(S) 등이 이에 속한다.

폴링(L. Pauling, 1932)은 이 전기적 음성의 대소를 숫자로 표시하고 전기음성도(electro-negativity)라고 하였다.

아래 표와 같이 전기음성도는 주기율표의 가로축 방향(같은 주기)에서는 좌로부터 우로 갈수록 증대하고 세로축 방향(같은 족)에서는 아래로 갈수록 감소하는 경향이 있다. 표의 우측 상부에 있는 F, O, Cl, N 등의 원소는 전기음성도가 크고, 알칼리금속과 알칼리토금속 중에서 좌측 하부에 위치하는 금속원소는 전기음성도가 작다.

〈원자의 전기음성도(L. Pauling)〉

전기음성도 증가 (→)

전기음성도 증가 (↑)

H						
2.1						
Li	Be	B	C	N	O	F
1.0	1.5	2.0	2.5	3.0	3.5	4.0
Na	Mg	Al	Si	P	S	Cl
0.9	1.2	1.5	1.8	2.1	2.5	3.0
k	Ca	Sc	Ge	As	Se	Br
0.8	1.0	1.3	1.8	2.0	2.4	2.8
Rb	Sr	Y	Sn	Sb	Te	I
0.8	1.0	1.2	1.8	1.9	2.1	2.5

※ F > O > N = Cl > Br > C = S > H

화학결합을 구성하고 있는 2개 원자 간의 전기음성도 차이가 1.7 이상일 경우 그 결합은 보통 이온결합이고 그보다 작은 경우는 공유결합이다.

예를 들어 염화나트륨(NaCl)에서는 차이가 2.1이며 실제로 이온성을 나타낸다. 염화수소(HCl)에서는 차이가 0.9로 공유결합이다. 그러나 차이가 1.9인 플루오린화수소(HF)는 공유결합이고, 1.6인 요오드화나트륨(NaI)은 이온결합이라는 예외도 있다. 실제로 이온결합과 공유결합을 확실히 구별하기는 매우 어렵다.

2) 비극성 결합

한 개의 전자를 갖는 수소원자가 서로 결합하여 수소분자(H_2)를 형성할 때 각각의 원자는 H : H와 같이 서로 전자를 공유하여 H_2를 형성한다. 이때 두 원자에서 각각 한 개의 전자를 공유하여 공유결합으로 형성된 수소분자는 두 원자 간 전기음성도가 같으므로 공유전자쌍이 분자 내 원자의 어느 쪽으로도 치우치지 않고 등거리를 유지한다. 이런 경우 쌍극자 모멘트는 0이 되며 이러한 공유결합을 비극성 결합(nonpolar bond)이라 한다. 수소분자는 한 쌍의 공유전자쌍을 갖는데 이를 단일결합이라고 한다. 질소분자의 경우는 세 쌍의 공유전자쌍을 갖고 안정화되기 때문에 삼중결합이라고 한다.

3) 극성 결합

염화수소(HCl)와 같이 서로 다른 원자끼리 결합하는 경우는 서로 전자를 끌어당기려 하기 때문에 힘에 차이가 발생하게 된다. 이러한 현상은 전기음성도의 차이 때문이다.

전기음성도는 분자 내에서 구성원자끼리 전자를 서로 끌어당기는 힘의 상대적인 표현이다. 공유된 전자는 전기음성도가 높은 원자 쪽으로 전자밀도(electric density)가 치우치게 되고, 결과적으로 전자밀도가 높아진 원자는 분자 내에서 전기적 음성을 나타내게 된다. 반대로 다른 원자는 상대적으로 전기적 양성을 나타내게 된다. 이와 같이 쌍극자 모멘트가 0이 아닌 결합을 극성 결합(polar bond)이라 하고, 이때 각각의 원자는 극성(polarity)을 갖는다고 한다.

두 원자의 전기음성도 차이가 클수록 극성도 크게 나타나며, 분자의 극성은 반응성을 비롯하여 융점·비등점·용해도 같은 물리적인 성질에도 큰 영향을 미친다.

(4) 배위결합

비공유전자쌍을 지니는 분자 또는 이온이 비어 있는 오비탈을 지닌 원자, 분자 이온에게 전자쌍을 제공하여 결합을 생성한다. 이런 경우 새로운 결합으로 공유되는 전자는 어느 한 쪽에서만 공급된다. 이와 같이 한 쪽의 원자만이 일방적으로 전자쌍을 제공하고 다른 한 쪽은 전자쌍을 받음으로써 일어나는 결합을 배위결합(coordinate bond)이라 한다.

예를 들어,

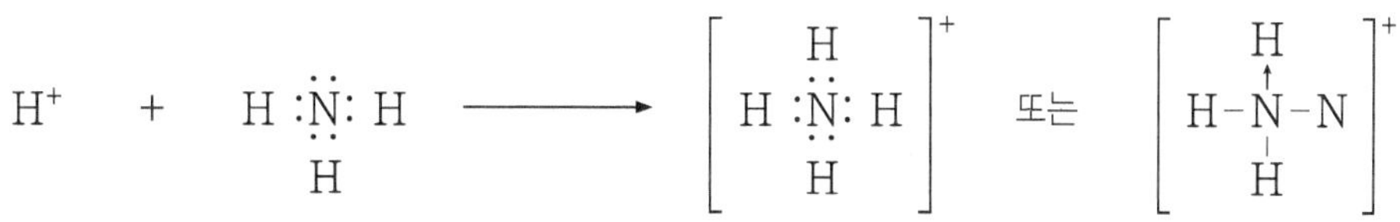

* 구조식에서 단순 공유결합은 '—'으로 표현하고 전자쌍은 주는 쪽에서 받는 쪽으로 '→'으로 표현한다.

수소이온은 전자를 갖지 않으므로 불활성기체 구조가 되기 위해서는 2개의 전자가 필요하고 암모니아 분자의 질소 원자(N)는 한 쌍의 비공유전자를 갖고 있으므로 이 한 쌍의 전자를 질소(N)원자가 제공한다. 이때 1개의 원자, 즉 중심원자는 한 쌍 이상의 비공유전자쌍을 가진 상태에 있어야 한다.

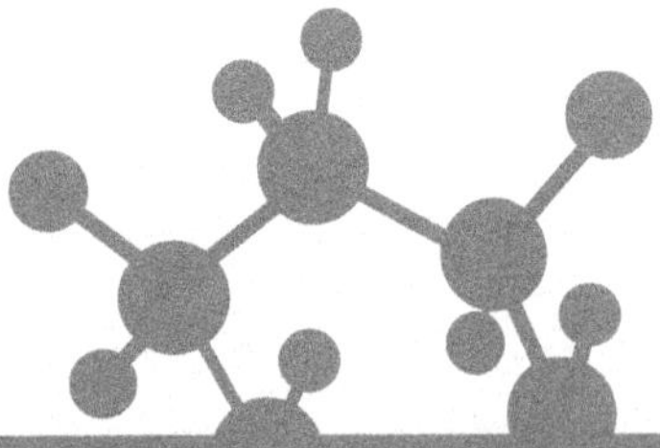

Chapter 03

유기화합물의 기본 골격

1. 탄화수소의 분류
2. 알케인과 사이클로알케인
3. 알켄
4. 알카인
5. 방향족 화합물

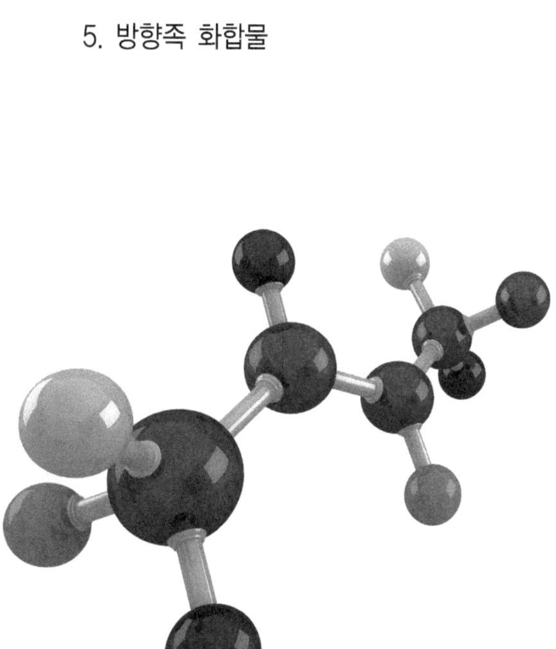

1. 탄화수소의 분류

탄화수소(hydrocarbons)는 탄소와 수소만으로 구성되는 화합물이며 크게 두 가지, 지방족 탄화수소(aliphatic hydrocarbon)와 방향족 탄화수소(aromatic hydrocarbon)로 분류된다. 방향족 탄화수소는 향기를 지니는 식물추출물을 화학적으로 처리하여 얻으며, aliphatic이라는 단어는 그리스어 aleiphar(지방)에서 유래되었다. 지방족 탄화수소는 탄소와 탄소 단일결합만을 가지는 포화탄화수소(saturated hydrocarbon), 탄소와 탄소 다중결합(이중결합, 혹은 삼중결합, 혹은 둘 다)으로 이루어진 불포화탄화수소(unsaturated hydrocarbon) 그리고 벤젠과 유사한 구조를 가진 특별한 고리화합물인 방향족 탄화수소(aromatic hydrocarbon)로 분류된다. 포화탄화수소가 비고리화합물인 경우는 알케인(alkane)이라 하고, 고리화합물인 경우에는 사이클로알케인(cycloalkane)이라 한다.

- 지방족 탄화수소
  - 포화탄화수소
    - 사슬모양 탄화수소: 알케인(alkane)
    - 고리모양 탄화수소: 사이클로알케인(cycloalkane)
  - 불포화탄화수소
    - 알켄(alkenes): 이중결합 1개 이상
    - 알카인(alkynes): 삼중결합이 1개 이상
- 방향족 탄화수소 — 아렌(arenes): 벤젠고리모양

〈탄화수소의 분류〉

2. 알케인과 사이클로알케인

(1) 알케인

알케인(alkane)류는 모두 단일결합(C−C, C−H)으로 이루어졌으며, 사슬모양 알케인의 분자식은 일반식 C_nH_{2n+2}로 나타내고, 그 중에서 분자량이 가장 작은(n=1) 것은 메테인(CH_4)이다. 그리고 에테인(C_2H_6), 프로페인(C_4H_8), 뷰테인(C_4H_{10})과 같이 CH_2의 단위가 증가함에 따라서 기체로부터 액체·고체로 물리적 성질도 변화된다. 탄소수가 4개인 알케인, 즉 뷰테인은 같은 분자식을 갖는 2종의 구조식이 있으며, 실제로 n−뷰테인과 이소뷰테인

이 존재한다. 이와 같이 동일한 분자식을 가지면서 상이한 구조식을 가지고 서로 다른 성질을 나타내는 화합물을 이성질체(isomer)라고 하며, 이 현상을 이성질현상(isomerism)이라고 한다.

n-알케인은 가지를 치지 않은 탄소사슬을 지니는 알케인이다.

〈곧은 사슬 알케인의 이름〉

탄소수 (n)	이름	화학식 (C_nH_{2n+2})	끓는점 (℃)	탄소수 (n)	이름	화학식 (C_nH_{2n+2})	끓는점 (℃)
1	메테인 (methane)	CH_4	−162	9	노네인(nonane)	C_9H_{20}	151
2	에테인 (ethane)	C_2H_6	−89	10	데케인(decane)	$C_{10}H_{22}$	174
3	프로페인 (propane)	C_3H_8	−42	11	운데케인 (undecane)	$C_{11}H_{24}$	196
4	뷰테인 (butane)	C_4H_{10}	0	12	도데케인 (dodecane)	$C_{12}H_{26}$	216
5	펜테인 (pentane)	C_5H_{12}	36	13	트라이데케인 (tridecane)	$C_{13}H_{28}$	234
6	헥세인 (hexane)	C_6H_{14}	69	20	이코세인 (icosane)	$C_{20}H_{42}$	343
7	헵테인 (heptane)	C_7H_{16}	98	21	헤니코세인 (henicosane)	$C_{21}H_{44}$	363
8	옥테인 (octane)	C_8H_{18}	126	30	트리아콘테인 (triacontane)	$C_{30}H_{62}$	450

〈몇 가지 곧은 사슬 알킬기〉

알케인	이름	알킬기	이름(약자)
CH_4	메테인(methane)	$-CH_3$	메틸(Me)
CH_3CH_3	에테인(ethane)	$-CH_2CH_3$	에틸(Et)
$CH_3CH_2CH_3$	프로페인(propane)	$-CH_2CH_2CH_3$	프로필(Pr)
$CH_3CH_2CH_2CH_3$	뷰테인(butane)	$-CH_2CH_2CH_2CH_3$	뷰틸(Bu)
$CH_3CH_2CH_2CH_2CH_3$	펜테인(pentane)	$-CH_2CH_2CH_2CH_2CH_3$	펜틸(Pe)

〈알케인류의 이성질체〉

탄소 수	명칭	구조식
C_4	*n*-뷰테인(*n*-butane)	$CH_3CH_2CH_2CH_3$
	이소뷰테인 (isobutane)	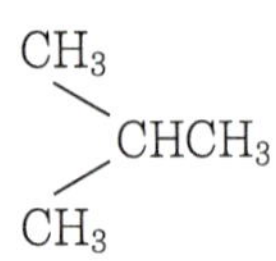
C_5	*n*-펜테인(*n*-pentane)	$CH_3CH_2CH_2CH_2CH_3$
	이소펜테인(isopentane)	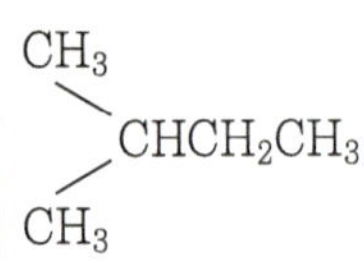
	네오펜테인 (neopentane)	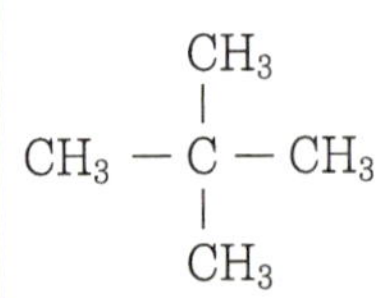

(2) 알케인의 명명법

유기화합물들 중에서 개개의 화합물을 구별하기 위해서 각 화합물에 명칭을 붙여야 하는데, 화학자들은 화합물을 계통적으로 명명하는 방법을 고안하여 그것을 순수화학 및 응용화학의 국제연맹인 IUPAC(International Union of Pure and Applied Chemistry)에서 공식화한 규칙을 만들어 IUPAC 방식(IUPAC system)이라고 명명하고 있다.

• **알케인의 명명에 대한 IUPAC 규칙**

① 가지가 가장 긴 사슬을 찾는다(모체 찾기).
② 모체사슬에 연결된 치환기(가지)를 찾는다.
③ 번호를 붙일 때 가지를 친 첫 번째 지점에 있는 치환기의 번호가 작아지도록 한다.
④ 치환체가 둘 이상일 경우 영문의 알파벳 순서에 의한다.
⑤ 숫자를 가장 앞에 붙이고 치환체를 명명한 후 기본 사슬의 화합물 이름을 짓는다.

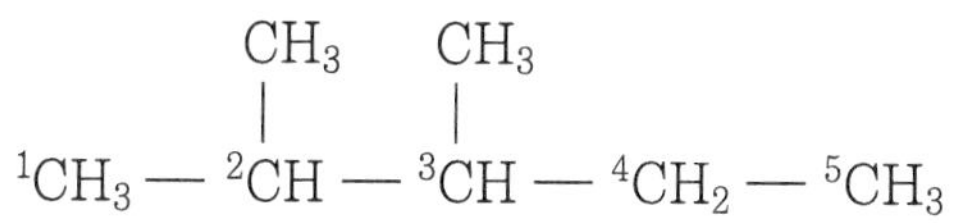
2,3-dimethylpentane

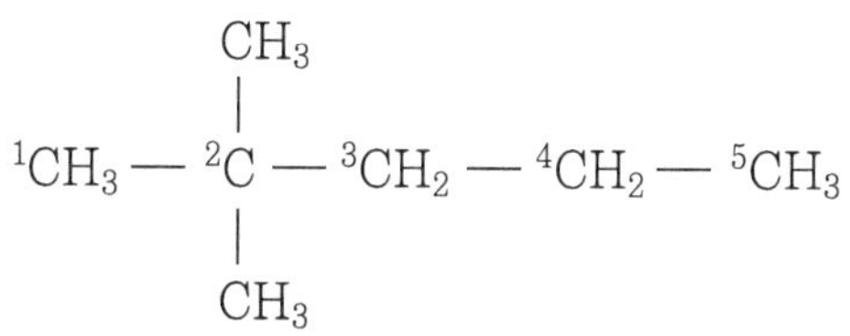
2,2-dimethylpentane

(3) 알케인의 성질

알케인은 비극성(nonpolar)이므로 비점(b.p, 끓는점)과 융점(m.p, 녹는점)이 다른 극성(polar)이 있는 화합물에 비하여 낮아진다. 예를 들면 메테인(분자량 16)은 물(분자량 18)과 거의 같은 질량인데 메테인의 비점은 −161.5℃로 물의 비점 100℃와는 큰 차이가 있다.

사슬모양의 알케인은 분자량이 커짐에 따라 비점, 융점 및 밀도가 증가한다. 실온에서 탄소수가 적은 C_1의 메테인에서 C_4의 뷰테인까지는 기체이고, C_5에서 C_{17}까지는 액체이며, 탄소 수가 많은 C_{18} 이상은 고체이다. 액상의 탄화수소의 비중은 물보다 가볍고 물 표면에 뜬다. 물에 대한 용해도(solubility)는 비극성 때문에 대단히 낮고, 용해도가 가장 좋은 메테인의 경우는 물 100mL 중에 0.0025g밖에 용해되지 않는다. 이러한 현상은 등유나 가솔린이 물과 혼합되지 않고 기름방울로 물 위에 뜨는 것을 보고 알 수 있다.

알케인은 물에는 불용해성이지만 비극성인 알케인, 알켄, 벤젠 등의 탄화수소에는 잘 용해되고 사염화탄소(CCl_4), 클로로포름($CHCl_3$), 염화메틸렌(CH_2Cl_2) 등의 염소계 유기화합물에도 잘 녹는다. 이것은 "비슷한 것끼리는 잘 녹는다."라고 하는 일반적인 법칙에 잘 맞으며 극성에 관계되고 있다.

알케인이 비극성이라는 이유는 공유결합을 이루고 있는 탄소－탄소원자 사이에 전자가 균등하게 분포되어 있기 때문이다. 또한 탄소－수소 사이에 있어서도 전기음성도의 차이가 작고 전자가 균등하게 분포되어 있으며 비극성 결합을 이루고 있다.

(4) 알케인의 반응

알케인의 화학적 특징은 일반적으로 반응성이 낮고 불활성인 것이다. 알케인은 파라핀(paraffin)이라고도 하는데 라틴어 parum affinis(little affinity)의 어원에서 유래된 것이다. 다른 많은 유기화합물은 여러 가지 시약과 반응하지만, 알케인은 실내온도 조건 하에서 알칼리, 산, 과망간산칼륨, 금속나트륨 등과는 반응하지 않는다. 그러나 조건을 강하게 하면 다음에 기술하는 몇 가지의 예와 같이 독특한 반응을 일으킨다.

1) 알케인의 할로겐화

보통의 조건에서 알케인은 할로겐에 의하여 할로겐화(halogenation)되지 않는다. 그러나 알케인 및 할로겐을 가열하거나 자외선(ultraviolet reaction) 조건에서 일어난다. 이때 할로겐화수소(hydrogen halide)가 1분자 생성된다.

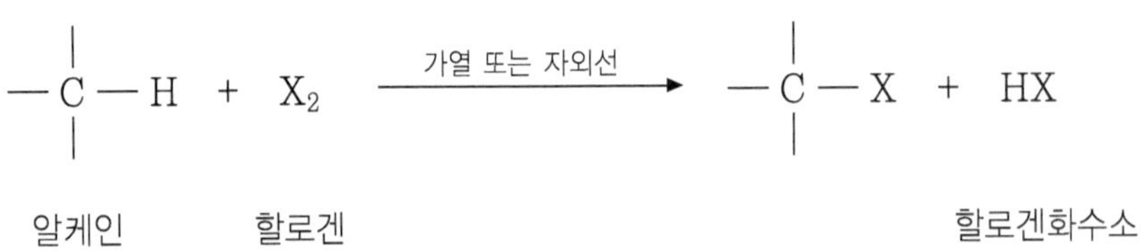

여기에서 X는 할로겐을 나타내며 알케인이 할로겐분자와 반응하는 속도는 $F_2 > Cl_2 > Br_2 > I_2$의 순이다. 일반적으로 염소(Cl)와 브롬(Br)이 알케인의 할로겐화에 사용된다.

이 할로겐화의 반응기구(reaction mechanism)에 대해서 염소를 예로 들어 설명할 수 있다.

제1단계: 개시단계
(initiation)

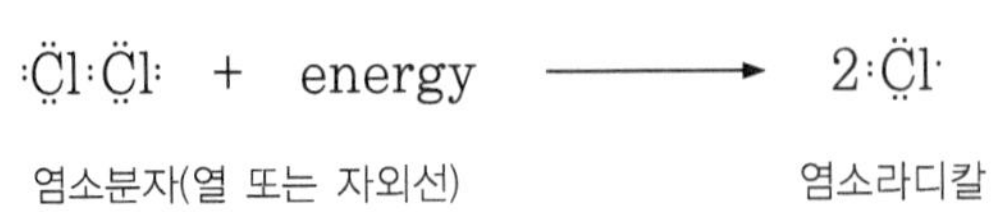

염소분자는 가열하거나 자외선을 쬐면 에너지가 주어져 공유결합이 단절되고 반응성이 높은 염소원자 2개가 생성된다. 염소원자는 반응성이 높으며, 이를 라디칼(radical)이라고 부른다.

제2단계: 계속단계
(propagation)

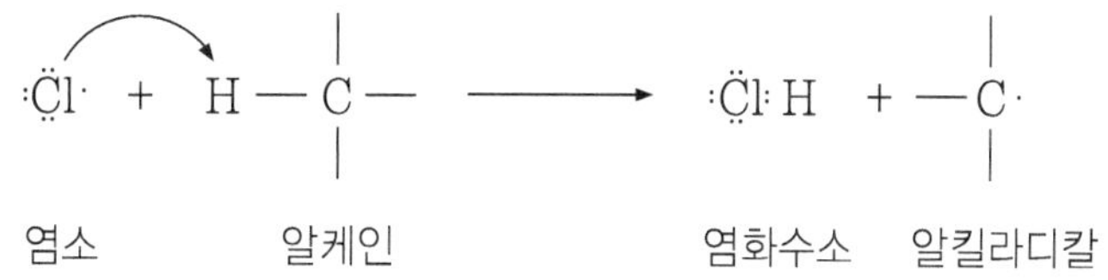

염소라디칼이 알케인으로부터 수소원자를 빼내어 염화수소와 알킬라디칼을 생성한다. 이 알킬라디칼이 염소분자와 반응하여 염화알킬을 생성함과 동시에 다시 염소라디칼을 방출한다. 이것이 다시 알케인에 작용하여 라디칼을 형성한다. 이와 같은 반응이 반복되므로 이 반응을 연쇄반응(chain reaction)이라 한다.

제3단계: 종결단계
(termination)

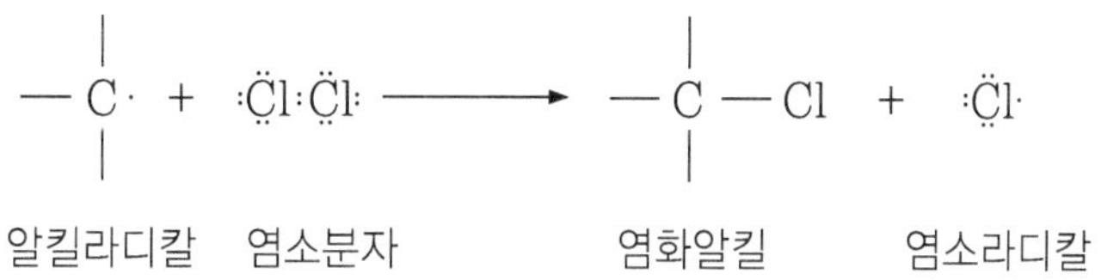

각 단계에서 생성된 반응성이 높은 라디칼이 서로 반응하여 공유결합을 형성하고, 연쇄반응이 종결되는 단계이다.

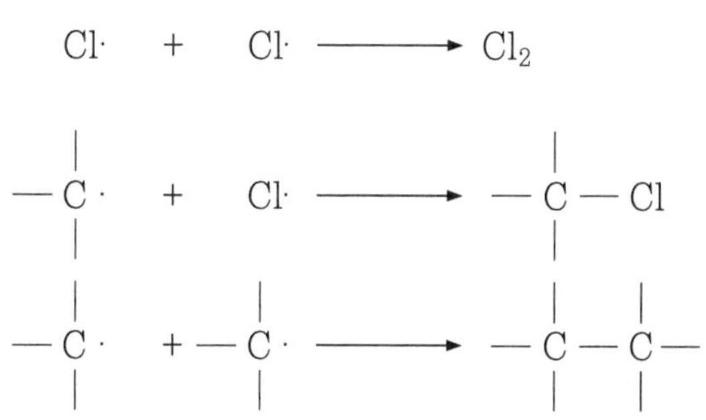

위의 세 화합물 즉, 염소 염화알킬 2량체의 알케인이 생성되고 그 반응이 끝난다. 이러한 반응을 라디칼반응(radical reaction)이라 한다.

그 예로, 프로페인(propane)을 염소화하면 2종의 모노클로로프로페인(monochloropropane)이 얻어진다.

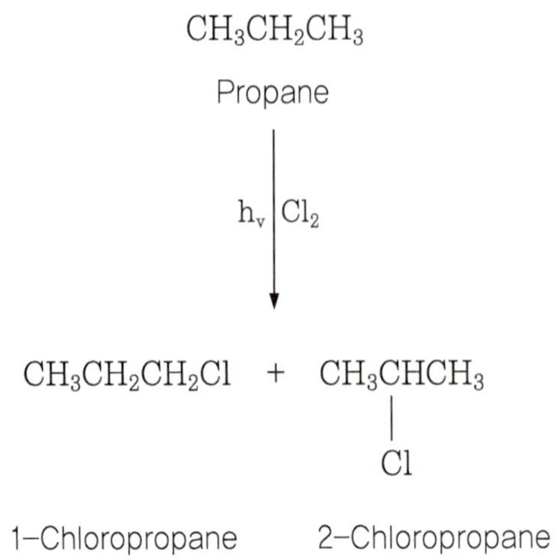

〈프로페인의 염소화〉

2) 알케인의 산화

알케인은 고온에서 산소와 반응하여 이산화탄소와 물을 생성한다. 이 산화반응(oxidation reaction)을 일반적으로 연소(combustion)라고 하는데 발열반응이다.

$$\underset{\text{Propane}}{CH_3CH_2CH_3} + 5O_2 \xrightarrow{\text{고온}} 3CO_2 + 4H_2O \qquad \Delta H=-532\text{kcal}$$

3) 알케인의 열분해

석유의 높은 끓는점 유분의 긴 사슬 알케인을 고압하에서 가열(500~700℃)하여 저분자량의 알케인이나 알켄으로 변화하는 방법을 가열크래킹(cracking)이라고 하는데 프로페인의 열분해(thermolysis)에서는 프로필렌, 에틸렌, 메테인, 수소가 각각 생성된다.

$$CH_3CH_2CH_3 \xrightarrow{600℃} CH_3CH{=}CH_2 + CH_2{=}CH_2 + CH_4 + H_2$$

Propane　　　propylene　　　ethylene　　　methane　　　수소

(5) 사이클로알케인

사이클로알케인(cycloalkane)은 3개 이상의 탄소고리를 지니는 알케인을 말한다. 사이클로알케인 구조식의 특징은 C_nH_{2n}이다. 사이클로알케인의 명명은 알케인과 같으며 고리를 형성하고 있는 탄소 수를 모체의 이름으로 하고, 그 앞에 고리를 나타내는 접두어 사이클로(cyclo-)를 붙인다.

cyclopropane　　　cyclobutane　　　cyclopentane　　　cyclohexane

〈사이클로알케인의 몇 가지 예〉

고리모양 알케인의 구조식을 나타내는 경우는 보통 메틸렌사슬($-CH_2-$)을 생략하고 탄소원자의 위치에서 C−C결합을 구부린 형태의 생략된 기호로 쓴다. 각 꼭지점이 탄소원자를 나타내고, 수소원자는 생략하고 있다.

(6) 사이클로알케인의 명명

치환기가 1개 있는 경우에는 치환기의 명칭을 먼저 붙이고 사이클로알케인을 명명한다. 2개 이상 치환기가 있는 경우는 알파벳순으로 치환기 명칭을 배열한 후 최초 치환기가 붙어 있는 탄소원자를 C_1으로 하고, 다른 치환기가 붙는 기호를 가급적 작게 되도록 하는 방향으로 고리에 따라서 번호를 붙인다. 고리에 결합된 알킬기보다 고리의 탄소 수가 적으면 그 화합물은 알케인으로 명명하고, 고리는 사이클로알킬 치환기로 간주한다.

1단계

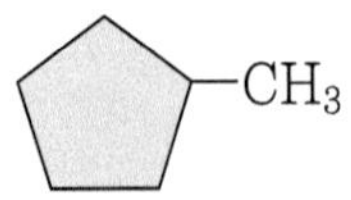

methylcyclopentane

2단계

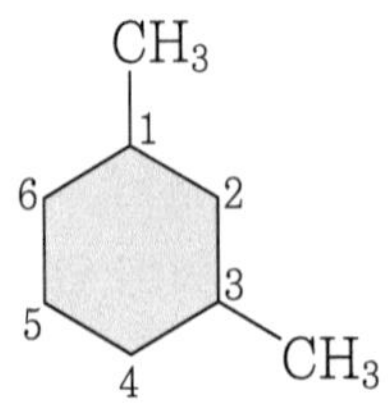

1,3-dimethylcyclohexane

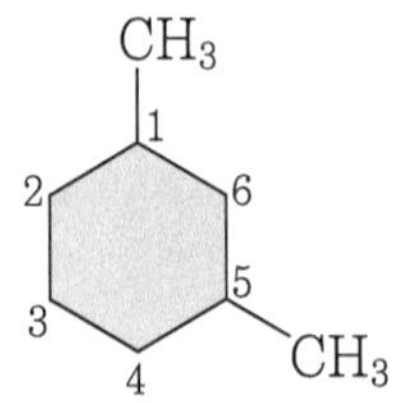

1,5-dimethylcyclohexane

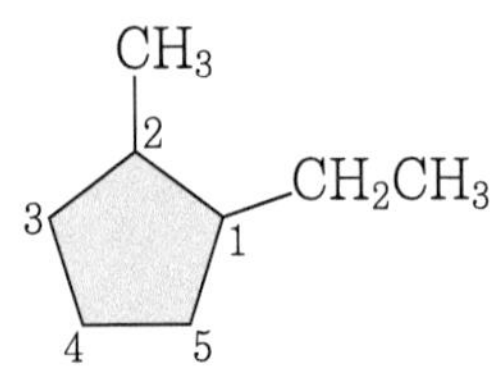

1-ethyl-2-methylcyclopentane

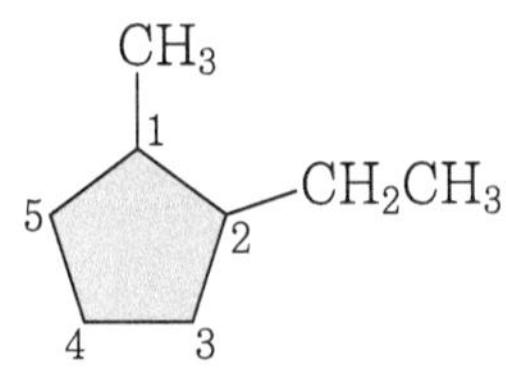

2-ethyl-1-methylcyclopentane

〈바른 예〉 〈틀린 예〉

3. 알켄

지방족 불포화탄화수소 중에 탄소-탄소 이중결합을 갖는 유기화합물을 알켄(alkene)이라고 총칭한다(olefine).

가장 간단한 알켄은 탄소 2개의 에텐(ethene, C_2H_4)이고, 그 수소원자 1개를 메틸기로 치환하면 프로펜(propene, C_3H_6)이 되며, 에틸기로 치환하면 뷰텐(butene, C_4H_8)이 된다. 이중결합을 1개만 갖는 알켄의 일반식은 C_nH_{2n}으로 나타낸다.

〈알켄의 사슬모양〉

명칭	구조식	끓는점(℃)	녹는점(℃)
에텐(ethene)	$CH_2=CH_2$	−104	−169
프로펜(propene)	$CH_2=CHCH_3$	−48	−185
1−뷰텐(1−butene)	$CH_2=CHCH_2CH_3$	−6	−185
1−펜텐(1−pentene)	$CH_2=CHCH_2CH_2CH_3$	30	−165
1−헥센(1−hexene)	$CH_2=CHCH_2CH_2CH_2CH_3$	64	−140
1−헵텐(1−heptene)	$CH_2=CHCH_2CH_2CH_2CH_2CH_3$	94	−119
1−옥텐(1−octene)	$CH_2=CHCH_2CH_2CH_2CH_2CH_2CH_3$	121	−102
1−노넨(1−nonene)	$CH_2=CHCH_2CH_2CH_2CH_2CH_2CH_2CH_3$	147	−81
1−데센(1 − decene)	$CH_2=CHCH_2CH_2CH_2CH_2CH_2CH_2CH_2CH_3$	171	−66
사이클로펜텐 (cyclopentene)	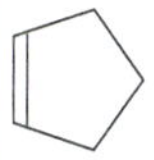	44	−135
사이클로헥센 (cyclohexene)	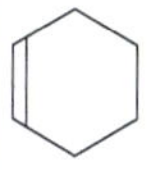	83	−104

(1) 알켄의 명명

IUPAC 명명법에 의한 알켄의 명명은 알케인에 대하여 기술한 규칙과 근본적으로 변함이 없으나 다소 상이점이 있다.

$$\begin{array}{c} \quad CH_3 \qquad\quad CH_3 \\ \quad | \qquad\qquad\quad | \\ CH_3C{=}CHCH_2CHCH_2CH_3 \end{array}$$

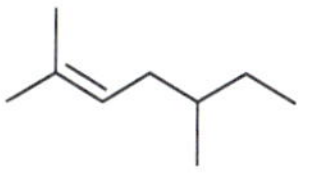

2,5−dimethyl−2−heptene

① 이중결합을 가진 가장 긴 탄소사슬을 모체로 정한다.

② 모체의 탄소사슬에 대응하는 알켄의 명칭을 선정하여 그 어미의 '안(−ane)'을 '엔(−ene)'으로 표시한다. 다음의 예에서는 가장 긴 사슬이 탄소 7개이므로, 모체의 명칭은 헵텐(heptene)이 된다.

③ 이중결합을 형성하는 탄소의 번호가 가장 작게 되도록 모체의 탄소사슬에 번호를 붙인다.

④ 이중결합의 위치는 이중결합을 형성하는 최초의 탄소번호로서 표시한다.
따라서 위의 예에서는 좌측에서 번호를 붙이고 모체는 2-헵텐(heptene)이 된다. 5-헵텐(heptene)(우측에서 번호를 붙일 경우)이라고 해서는 안 된다.

⑤ 모체에 결합되어 있는 치환기의 위치는 결합된 탄소의 번호를 그 치환기 명칭 앞에 붙여 2,5-dimethyl이 된다. 치환기는 알파벳순으로 배열한다.
그러므로 화합물의 IUPAC 명칭은 2,5-dimethyl-2-heptene이 된다.

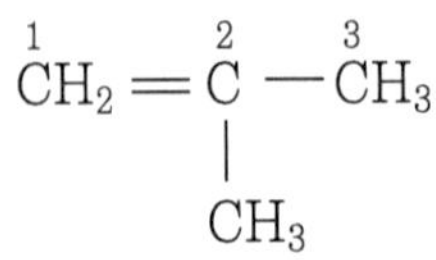

methylpropene
(isobutylene)

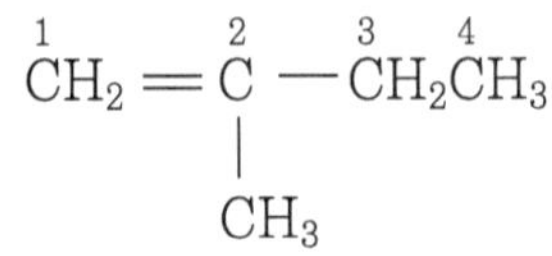

2-methyl-1-butene

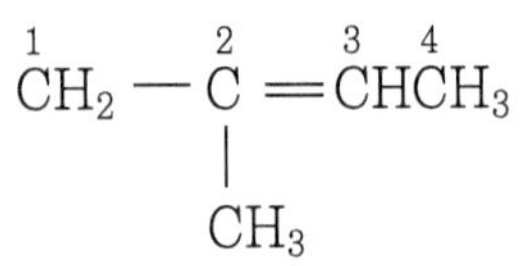

2-methyl-2-butene

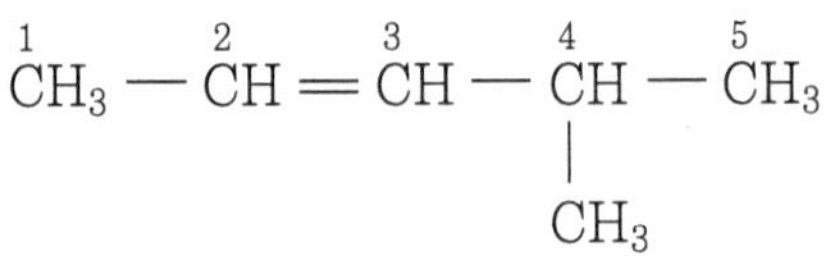

4-methyl-2-pentene

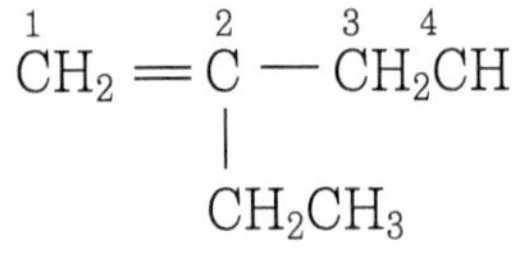

2-ethyl-1-butene

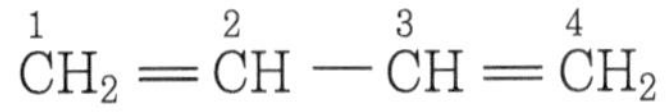

1,3-butadiene

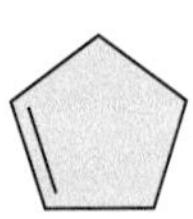

cyclopentene

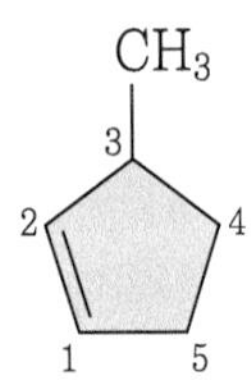

3-methylcyclo-pentene

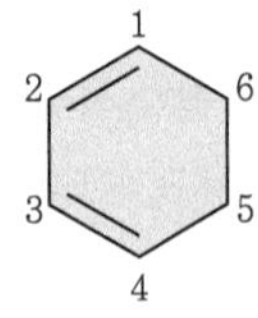

1,3-cyclo-hexadiene

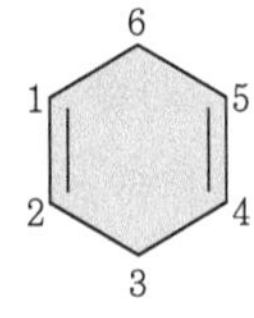

1,4-cyclo-hexadiene

(이중결합에서 번호가 시작되고 이중결합을 거쳐 치환기가 가장 작은 번호를 갖도록 한다)

탄소와 탄소 이중결합 주탄소 골격과 번호매김 순서를 결정할 때 알킬기와 할로겐기보다 이중결합 탄소가 우선한다.

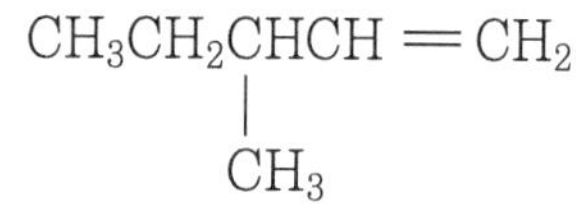

3-methyl-1-pentene

그러나 수산기는 이중결합보다 우선한다. 이중결합과 수산기를 동시에 지니는 화합물은 접미어 '-엔(-en)'과 '-올(-ol)'을 사용하여 두 가지가 존재함으로 나타낸다.

이중결합이 여러 개면 이중결합수에 따라 접미사 '-diene(2개)', '-triene(3개)', '-tetraene(4개)'으로 표기한다.

$$CH_2 = CHCH_2CH = CHCH_2CH_3$$

1,4 - heptadiene

• **화합물 명명법**

① 가장 긴 사슬은 탄소 수 6개로 이중결합을 포함하므로 모체는 헥센(hexene)이다.

② 이중결합의 위치가 최소가 되도록 하기 위해서는 번호를 좌로부터 우측으로 붙인다. 따라서 모체는 1-hexene이 된다.

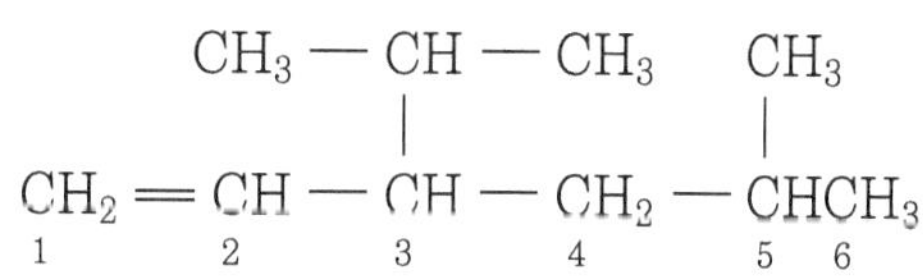

5-methyl-3-isopropyl-1-hexene

③ 치환기는 3-isopropyl과 5-methyl이다.

④ 이 화합물의 명칭은 알케인 명칭의 어미 '안(-ane)'을 '-렌'(-lene)'으로 바꾼다. 에틸렌(ethylene)은 많이 사용되는 관용 명칭이며, IUPAC 명명법에서는 ethene이다. 프로펜 및 부텐의 관용명칭은 각각 propylene 및 butylene이라고 부르며 종종 사용된다.

(2) 알켄의 이성질체

여기에서 2치환 고리화합물을 보면 치환기의 방향이 두 가지가 있음을 알게 될 것이다. 즉 고리모양 화합물에서는 평면성의 구조를 나타내기 위해서 치환된 고리의 평면의 위쪽에 있는 것과 아래쪽에 있는 것이 있게 된다. 따라서 치환 고리화합물의 경우 치환기가 양쪽 다 같은 쪽에 있는 것과, 서로 반대쪽에 있는 것 등 2종의 입체 이성질체(stereo isomer)가 된다. 같은 쪽에 있는 것을 시스 이성질체(cis isomer)라 하고 반대쪽에 있는 것을 트랜스 이성질체(trans isomer)라고 하며, '*cis*−' 및 '*trans*−'의 기호를 붙인다. 즉 치환기가 이중결합을 중심으로 같은 쪽에 있는 것을 시스 화합물이라 하고, 반대쪽에 있는 것을 트랜스 화합물이라고 한다.

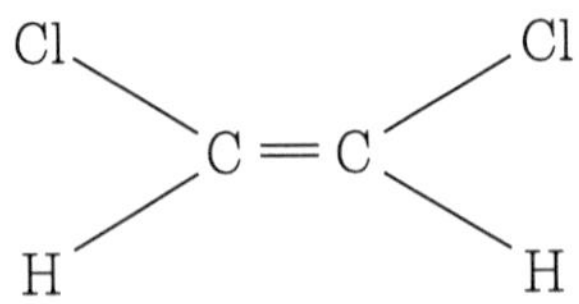

cis−1,2−dichloroethene

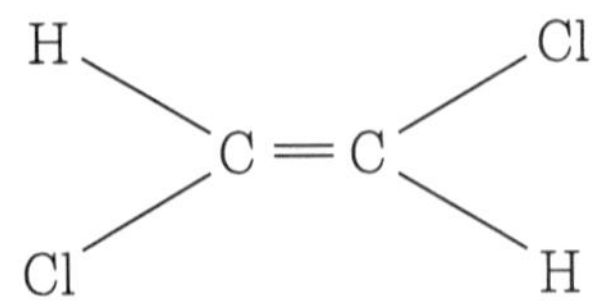

trans−1,2−dichloroethene

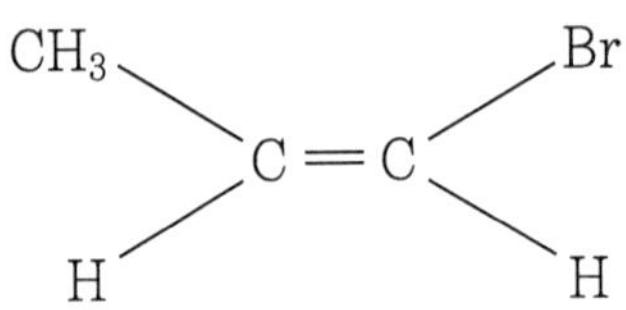

cis−1−bromo−1−propene

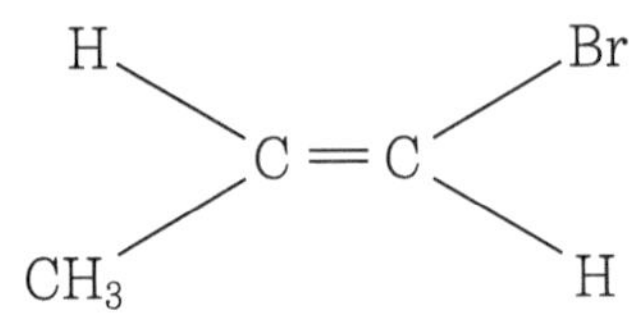

trans−1−bromo−1−propene

(3) 알켄의 반응

알켄의 화학적 특징은 불포화결합의 위치에 여러 가지 화합물이 첨가되는 것이다. 첨가반응(additional reaction)은 탄소−탄소의 다중결합에 제2의 분자가 첨가되어 이중결합이 단일결합으로, 삼중결합이 이중결합이나 단일결합으로 되는 반응이다.

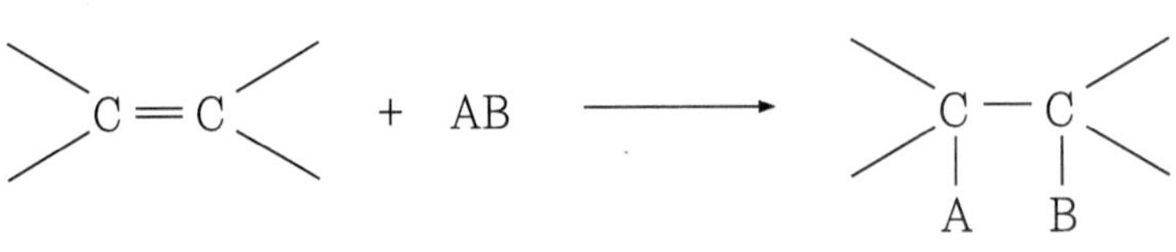

1) 수소의 첨가반응

적당한 촉매가 존재하면 알켄은 수소와 반응하여 알케인을 생성한다. 예를 들어 에틸렌의 수소첨가반응으로 에테인이 생성된다.

이러한 첨가반응(addition reaction)은 알켄의 반응의 특징 중 하나이다. 첨가반응은 이미 결합된 어떠한 원자나 치환기도 잃지 않고 다중결합에 새로운 원자나 치환기를 결합시키는 반응이다.

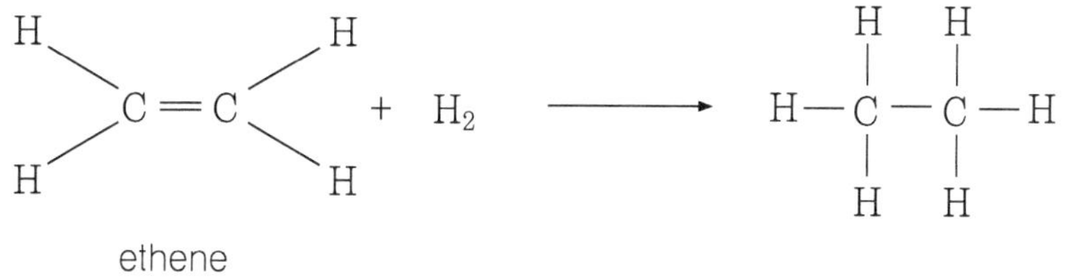

이 반응의 결과로 이중결합이 단일결합으로 변하며, 이중결합 탄소에 새로운 단일결합이 형성된다. 결합에 관여된 전자를 점으로 표시하면 반응물과 생성물의 전자 수는 변화가 없음을 알 수 있다.

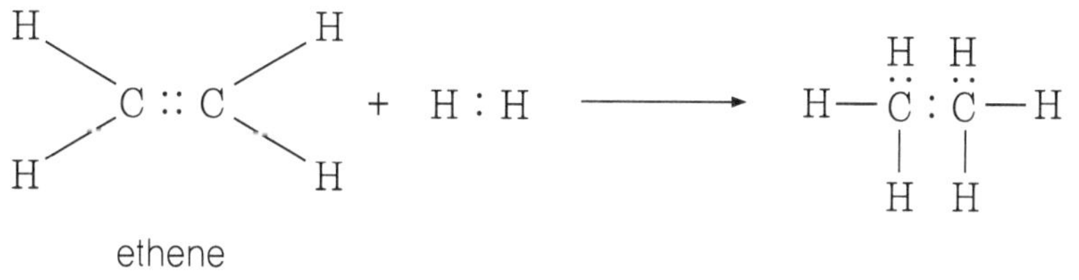

다중결합에 대한 수소의 첨가반응을 수소화 반응(hydrogenation)이라고 한다.

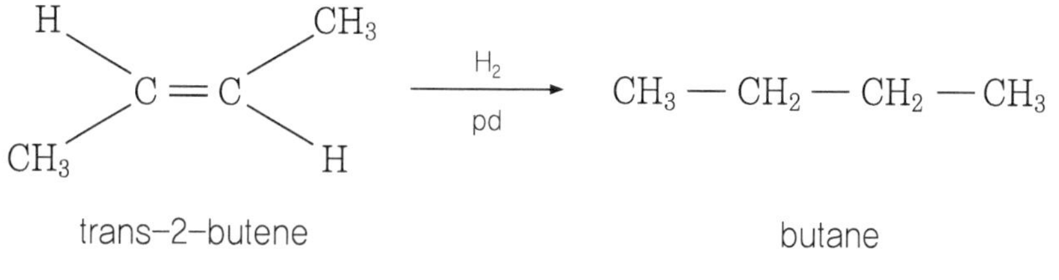

각 탄소가 수소원자와 다른 원자 또는 치환기를 충분히 결합하고 있으므로 탄소-탄소 이중결합이나 삼중결합이 없으면 포화(saturated)되어 있다고 한다. 수소가 모자라는 화합물은 하나 또는 그 이상의 다중결합을 가지고 있으며 불포화 탄화수소(unsaturated hydrocarbon)라고 한다.

2) 할로겐의 첨가반응

염소(chlorine)와 브롬(bromine)은 빛이 없는 조건에서도 알켄과 쉽게 반응한다. 특히 브롬은 알켄과 반응하여 붉은색이 없어지므로 이중결합의 확인에 이용된다.

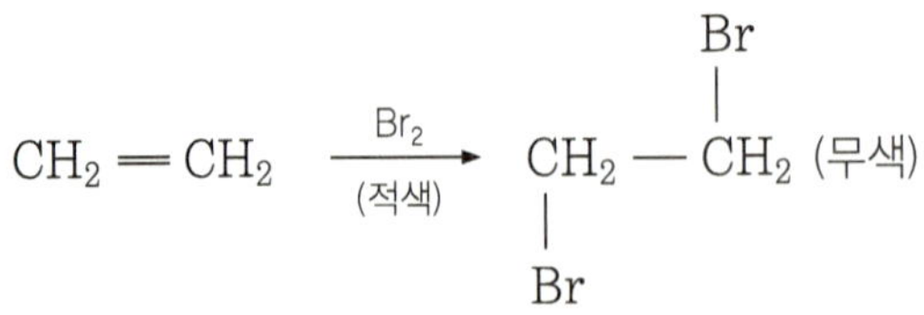

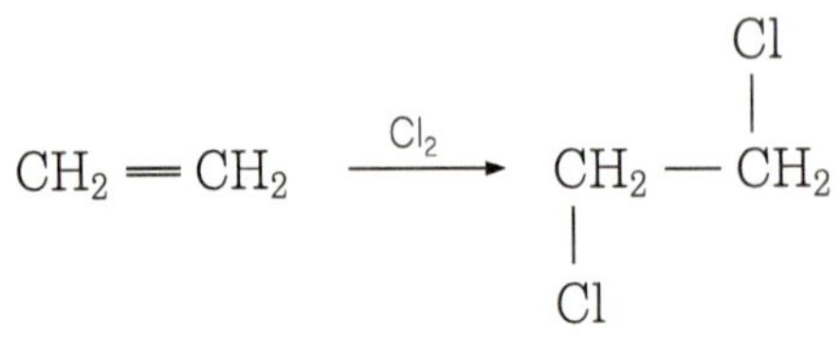

3) 물의 첨가반응

물은 산촉매의 전제하에서 알켄이 첨가된다. 주로 황산수용액에서 알켄을 가하여 반응을 일으키며, 2-methyl-1-propene의 첨가반응은 마르코브니코프(Markovnikov) 규칙에 따라 수소가 더 많은 편으로 서로 결합된다. −OH기를 수산기(hydroxyl radical)라고 하고, 이 작용기를 가지는 화합물을 알코올(alcohol)이라고 하며, 이후 제4장에서 자세히 다룬다. 알켄의 물의 첨가반응을 수화 반응(hydration)이라고도 하며 알코올의 주요한 제조 방법 중의 하나이다.

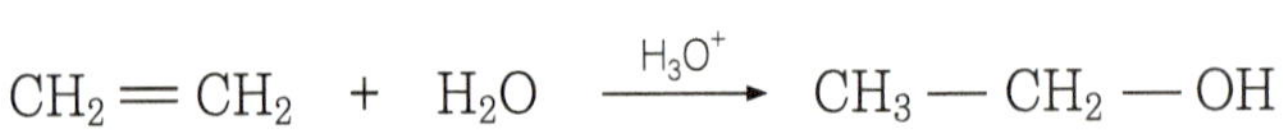

ethene　　　Ethyl alchol

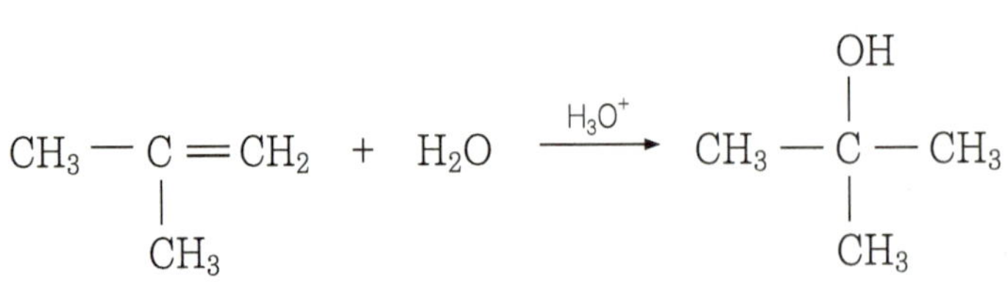

2-methyl-1-propene　　　tert-Butyl alcohol

4. 알카인

탄소－탄소 삼중결합을 갖는 화합물류를 알카인(alkyne)이라고 하며, 일반식으로는 C_nH_{2n-2}로 표시된다. 아세틸렌(IUPAC명은 ethyne)은 그 대표적인 화합물이다. 제일 간단한 알카인은 아세틸렌(acetylene)이며, 분자식은 C_2H_2이고 두 탄소가 삼중결합으로 연결된 구조를 가지고 있다.

$$HC:C\vdots\vdots C:H \qquad H-C\equiv C-H \qquad HC\equiv CH$$

탄소와 탄소 삼중결합을 지니는 천연물로는 과테말라 식물의 종자에서 분리되는 타리르산(tariric acid)과 물 독당근(water hemlock)에서 분리되는 독성물질인 사이큐톡신(cicutoxin)를 들 수 있다.

(1) 알카인의 명명

알카인의 IUPAC 명명법은 삼중결합을 의미하는 어미의 '－인(－yne)'을 제외하고는 알켄의 명명법과 동일하다. 또한 아세틸렌은 관용명이지만 IUPAC에서 허용하고 있다.

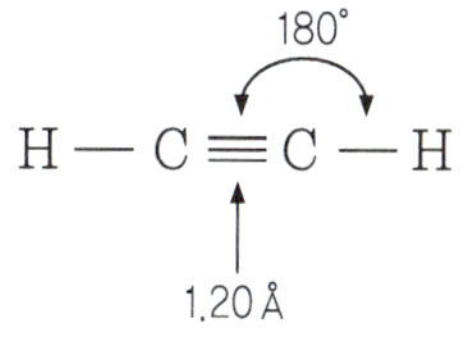

$$HC\equiv CH$$

Acetylene
(Ethyne)

$$CH_3 - C\equiv CH$$

Propyne

5. 방향족 화합물

불포화되어 있으면서도 알케인이나 알카인의 독특한 반응성을 가지지 않은 많은 화합물이 존재한다. 최초의 몇 가지는 식물에서 분리되었으며, 흔히 독특한 냄새를 가지고 있어서 방향족(aromatic)이라고 불렀다. 방향족이라는 말은 이제 어떤 성질을 공통적으로 가지고 있는 모든 화합물에 적용되고 있다. 즉 방향족 탄화수소(arenes)는 탄소와 탄소의 단일결합과 이중결합이 교대로 연결되어 있는 고리분자이다. 벤젠은 이들 화합물에서 가장 간단하고, 가장 보편적이고, 대표적인 예이다.

(1) 벤젠

벤젠(benzene)은 물에 녹지 않고, 끓는점은 80℃이며 분자식은 C_6H_6이므로 C_6인 알케인보다 8개의 수소가 부족하다. 고리 또는 이중결합 화합물은 고리가 아닌 두 개의 수소가 적으므로 C_6H_6에 대하여는 4개의 이중결합을 가지고 있어야 한다.

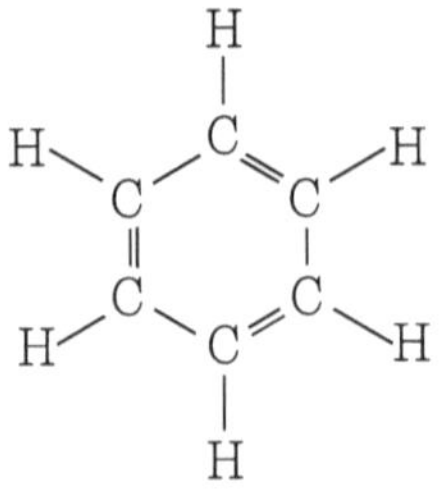

Benzene

벤젠은 전형적인 알켄보다 반응성이 약하다. 수소화되기 어렵고, 할로겐화수소와 반응하지 않으며 브롬과도 쉽게 반응하지 않는다. 촉매 존재하에서 브롬과 반응시키면 벤젠의 한 수소가 브롬원자와 치환된다. 실제로 대부분 벤젠의 반응은 알켄의 독특한 첨가반응이 아닌 치환반응이 일어난다.

(2) 벤젠의 공명구조

벤젠은 공명이론이 적용되는 분자이다. 같은 원자에 다른 전자배열을 가지는 두 공명구조를 그릴 수 있다. 벤젠의 탄소-탄소결합은 한 공명구조에서는 단일결합이고 다른 공명구조에서는 이중결합이다. 따라서 공명이론은 모든 탄소-탄소결합이 같으며, 이중결합과 단일결합의 중간성질을 정확하게 예측한다. 또한 공명구조에서는 예측되는 것보다 더 안정하다는 것도 예측한다.

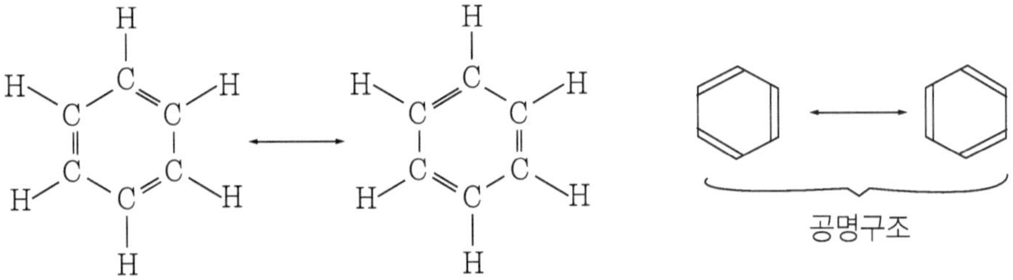

분자의 안정성이 커지면 반응성이 감소하므로, 벤젠의 낮은 반응성도 설명하게 된다. 벤젠을 두 가지 공명구조를 나타내기보다는 모든 탄소-탄소결합이 동일하고 알켄과는 구분이 되도록 다음과 같이 간편하게 사용한다. 이 책에서는 주로 실선의 기호로 사용하며, 두 공명구조의 어느 하나만으로 나타내기도 한다.

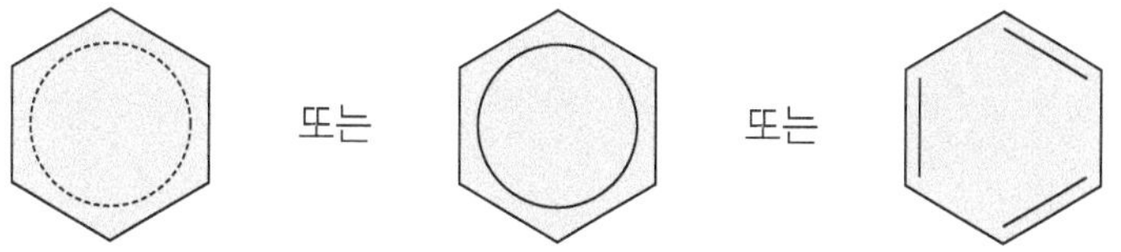

(3) 벤젠의 치환반응

방향족 화합물의 독특한 반응은 치환반응이다. 벤젠고리에 있는 1개의 수소가 다른 원자단으로 치환되며 안정한 방향족 구조가 보존된다. 이 반응에서 가장 중요한 다섯 가지 반응은 할로겐화 반응(halogenation), 니트로화 반응(nitration), 술폰화 반응(sulfonation), 알킬화 반응(alkylation), 아실화 반응(acylation)이다.

염화철($FeCl_3$)과 같은 촉매 존재하에서, 벤젠은 염소나 브롬과 치환반응한다.

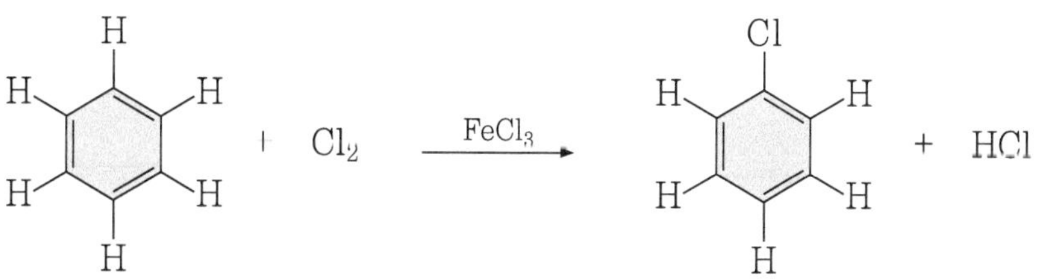

Chlorobenzene

방향족 화합물의 구조에서 수소는 보통 생략하지만, 치환된 염소는 그대로 두어야 한다. 황산(H_2SO_4) 존재하에서 벤젠을 질산과 반응시키면 수소를 니트로기와 치환시킬 수 있다(니트로화 반응). 니트로기는 다른 여러 가지 작용기로 변환시킬 수 있으므로 매우 중요하다.

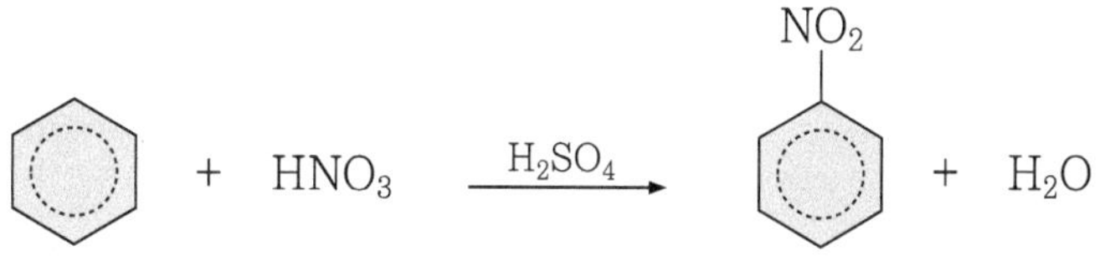

Nitrobenzene

벤젠이 황산과 가열하면, 수소를 술폰산기($-SO_3H$)로 치환시킬 수 있다(술폰화 반응).

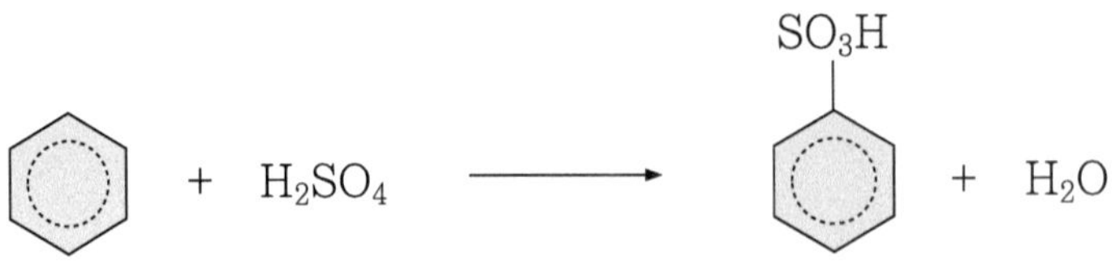

Benzenesulfonic acid

벤젠의 할로겐화알킬을 촉매 존재하에서 반응시키면 알킬기를 치환시킬 수 있다(알킬화 반응).

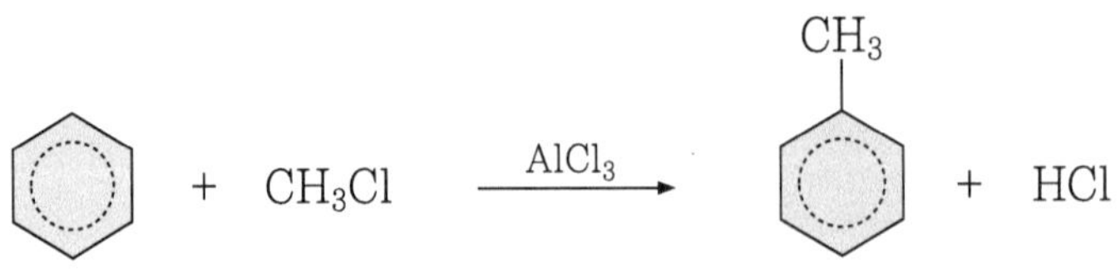

Toluene
(methylbenzene)

벤젠이 첨가반응보다 치환반응을 우선적으로 하는 이유는 벤젠은 정육각형으로, C와 C 사이의 길이가 모두 1.39Å로 매우 안정한 물질이며 또한 공명혼성체(resonance)로서 전자들이 골고루 퍼져 있기 때문이다. 즉 전자의 비편재화가 되어 있어 매우 안정하다. 따라서 첨가(부가)반응도 하지만 치환반응이 우선적으로 일어난다.

C — C	1.59Å	1중결합
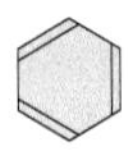	1.40Å	1.5중결합
C ═ C	1.34Å	2중결합
C ≡ C	1.20Å	3중결합

(4) 방향족 화합물의 명명

치환된 벤젠은 벤젠을 모체명으로 하여 명명한다. 벤젠술폰산은 모체이름이 앞에 오고 작용기의 이름이 뒤에 온다.

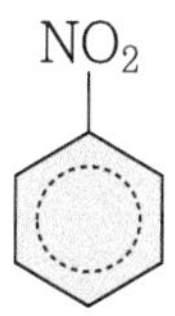

Nitrobenzene

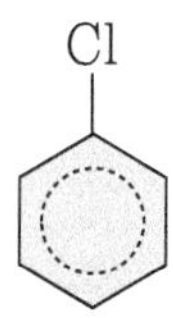

Chlorobenzene

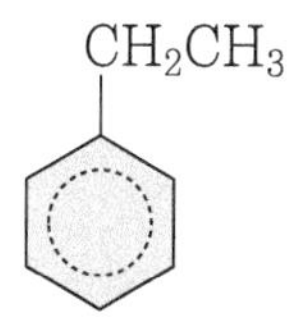

Ethylbenzene

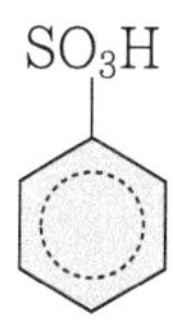

Benzenesulfonic acid

메틸벤젠은 관용명으로는 톨루엔이며 IUPAC에 의하여 널리 사용된다. 관용명은 수산기와 아미노기로 치환된 벤젠에서도 많이 사용된다.

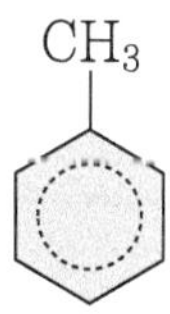

Toluene (methylbenzene)

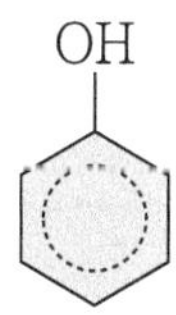

Phenol (hydroxybenzene)

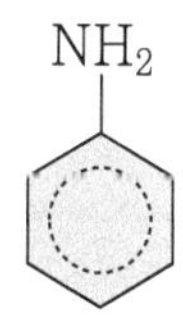

Aniline (aminobenzene)

벤젠에 메틸기가 2개 붙어 있는 유도체를 자일렌(xylenes)이라 하며, 벤젠은 세 개의 자일렌 유도체 즉, 오쏘(ortho; 1,2-이성질체), 메타(meta; 1,3-이성질체) 그리고 파라(para; 1,4-이성질체)치환 유도체가 있다. 이들 접두어 o, m 그리고 p의 약자로 쓰기도 한다.

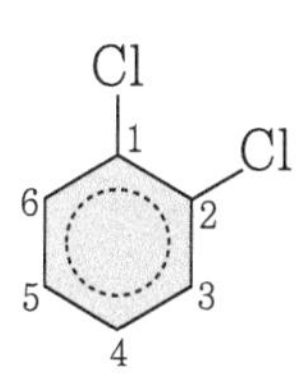

1,2-Dichlorobenzene
ortho-Dichlorobenzene
o-Dichlorobenzene

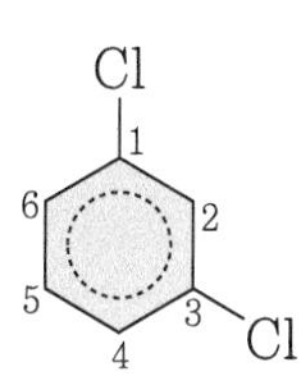

1,3-Dichlorobenzene
meta-Dichlorobenzene
m-Dichlorobenzene

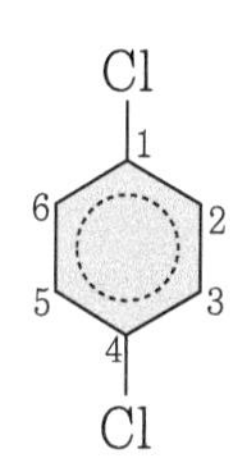

1,4-Dichlorobenzene
para-Dichlorobenzene
p-Dichlorobenzene

두 개의 치환기가 다를 때에는 알파벳 숫자로 나열하여, 번호는 최소가 되도록 한다.

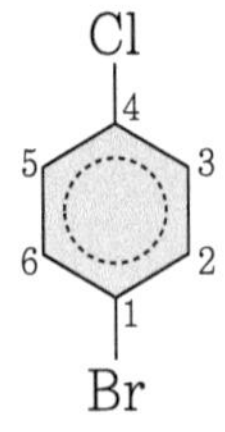

1-bromo-4-chlorobenzene
p-bromochlorobenzene

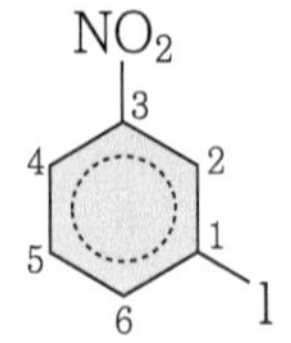

1-Iodo-3-nitrobenzene
m-iodonitrobenzene

치환기가 하나인 벤젠의 특별한 이름이 더 많이 치환된 벤젠의 모체이름이 될 수 있다. 이때의 모체명을 결정하는 치환기는 위치번호가 1이 되며 생략하고 다른 치환기의 번호만 표시한다.

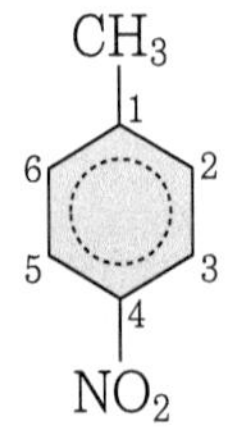

4-Nitrotoluene
p-nitrotoluene

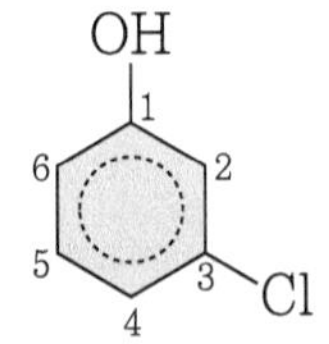

3-Chlorophenol
m-Chlorophenol

두 개 이상의 치환기가 있으면, 단지 번호로만 위치를 표기할 수 있다.

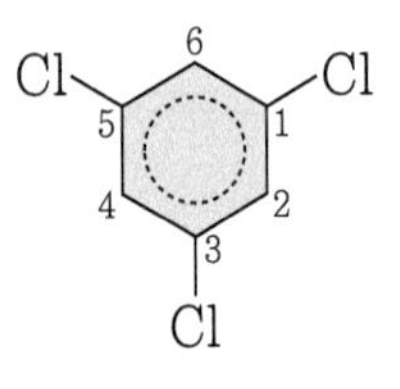

1,3,5-Trichlorobenzene

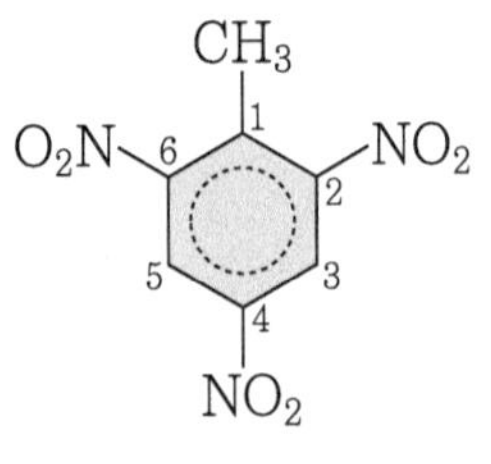

2,4,6-Trinitrotoluene

접두어 o와 m, p는 3개 이상의 치환기가 벤젠고리에 존재할 때는 사용하지 않으며, 대신 치환기가 붙어 있는 탄소의 번호를 적어 주어야 한다. 번호를 붙이는 방향은 치환기가 무엇인지는 불문하고 그 다음에 치환기를 지니는 탄소의 번호가 작아지도록 선택한다.

이름을 쓸 때 치환기는 알파벳순으로 나타낸다.

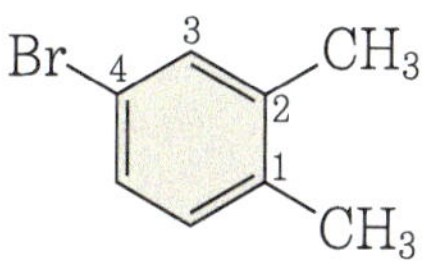

4-bromo-
1,2-dimethylbenzene

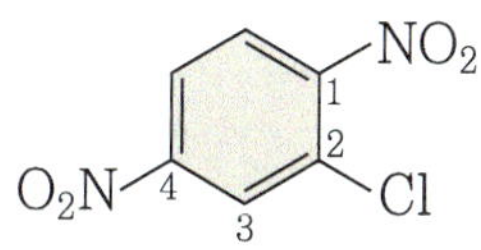

2-Chloro-
1,4-dinitrobenzene

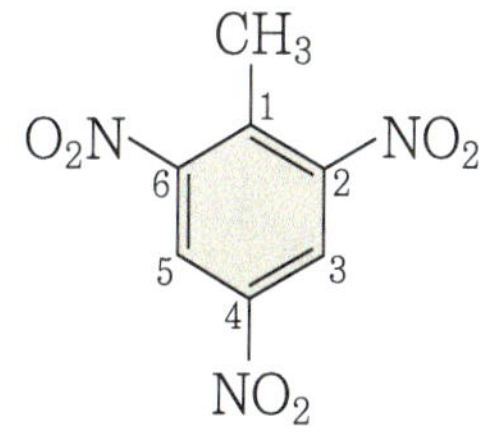

2,4,6-trinitrotoluene(TNT)

〈방향족 화합물 명명 예〉

- **단일치환 벤젠의 명명법**
  - 단일치환 벤젠은 치환체의 이름을 먼저 쓰고 그 뒤에 벤젠이라고 명명

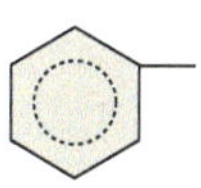 Br(Bromobenzene)

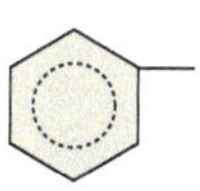 Cl(Chlorobenzene)

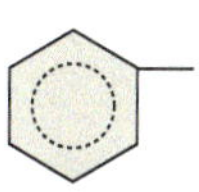 NO_2(Nitrobenzene)

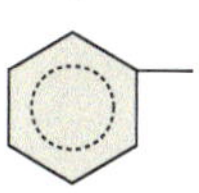 CH_2CH_3(ethylbenzene)

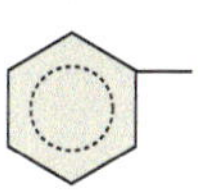 CH_3(toluene): 페인트, 시너성분

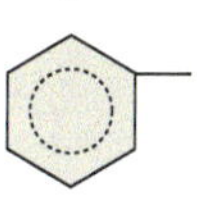 OH(Penol): 살균제, 소독제

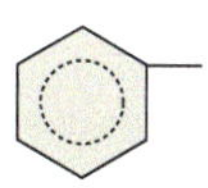 NH_2(aniline): 염료, 스폰지원료

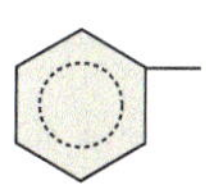 OCH_3(anisole): 향수, 향신료

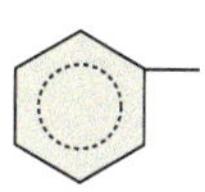 SO_3H(benzensulfonic acid): 우레탄

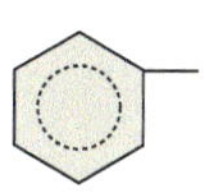 $CH{=}CH_2$(styrene): 단열제, 스티로폼

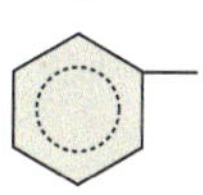 CHO(benzaldehyde): 합성 향료성분

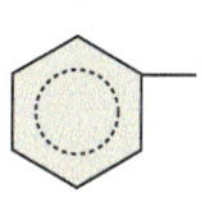 COOH(benzoic acid): 식품보존료

〈자주 사용되는 벤젠유도체들〉

- **벤젠의 치환기 형태**
  - 벤젠고리 자체가 치환체일 때는 페닐기(phenyl group)

예) 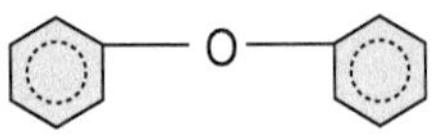

(diphenyl ether)

  - 메틸렌기를 가진 벤젠고리를 벤질기(benzyl group)

예) 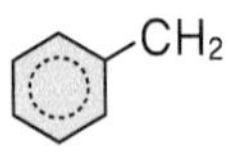

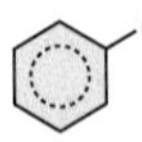
CH_2Cl(benzyl chloride=chloromethylbenzene)

- **벤젠의 독성**
  - 벤젠은 화학 합성 과정과 용매로 광범위하게 쓰이지만 독성이 강함
  - 독성은 중추신경계와 골수에 영향을 줌
  - 장기간 벤젠 노출 시 백혈병이나 재생 불량성 빈혈 유발
  - 대기 중 1ppm의 벤젠에 장기 노출된 공장 직원: 백혈병 발병률이 높아진 사례
  - 최근 벤젠 대신 톨루엔으로 대체하여 사용되는 추세임
  - 톨루엔은 중추신경 억제작용을 하는 반면 백혈병이나 재생 불량성 빈혈 유발률 거의 없음
  - 본드 냄새 맡는 사람들은 톨루엔의 중추신경 마취작용을 얻고자 하는 경우임
  - 벤젠은 약한 발암성이 있는 것으로 나타남
  - 벤젠에 다량으로 노출된 산업 근로자에게 드물게 백혈병 유발
  - 벤젠 중독은 고무 공장, 플라스틱 용품 공장, 가구 공장 근로자에게 생길 수 있다고 보고됨

• **관용명으로 불리는 치환체의 예**

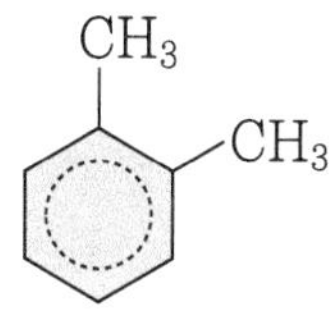

o-xylene

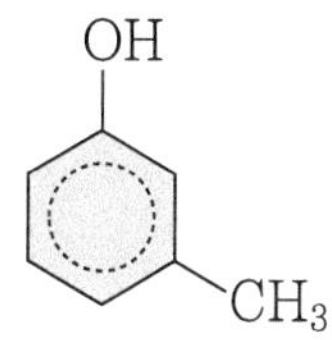

m-cresol

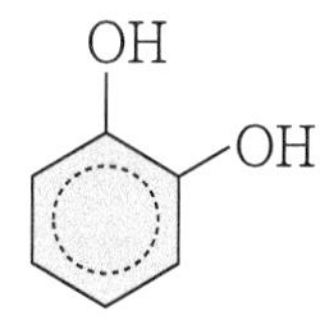

catechol

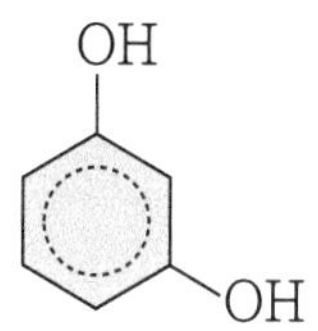

resorcinol

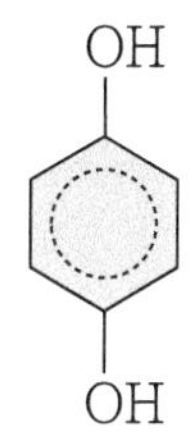

hydroquinone

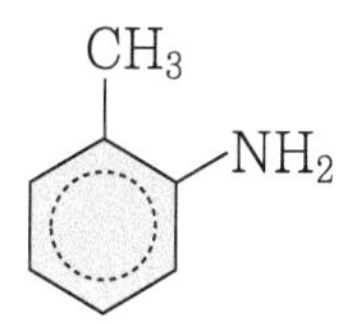

o-toluidine

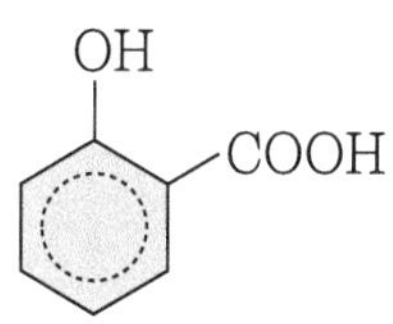

salicylic acid

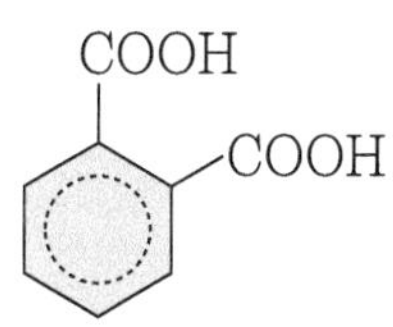

phthalic acid

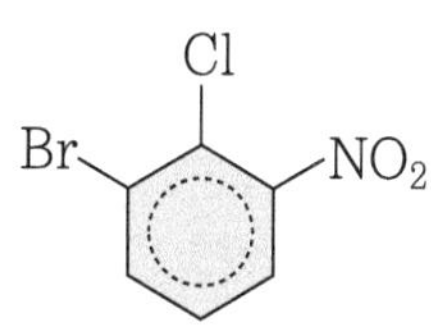

1-bromo-2-chloro-3-nitrobenzene

〈몇 가지 방향족 화합물의 일반명〉

식	이름	식	이름
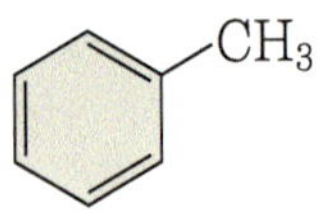	톨루엔(toluene) 끓는점 111℃	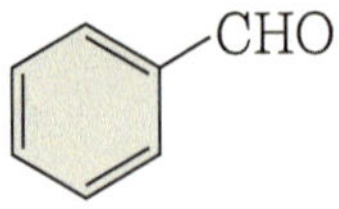	벤즈알데하이드 (benzaldehyde) 끓는점 178℃
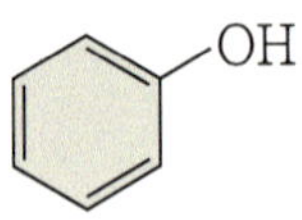	페놀(phenol) 녹는점 43℃	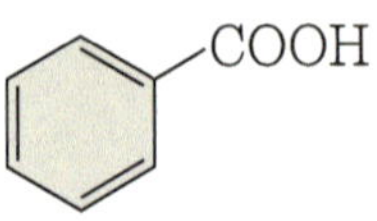	벤조산 (benzoic acid) 녹는점 122℃
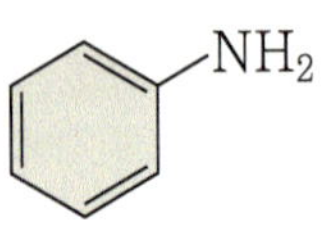	아닐린(aniline) 끓는점 184℃	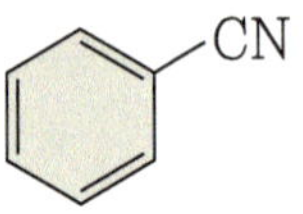	벤조나이트릴 (benzonitrile) 끓는점 191℃
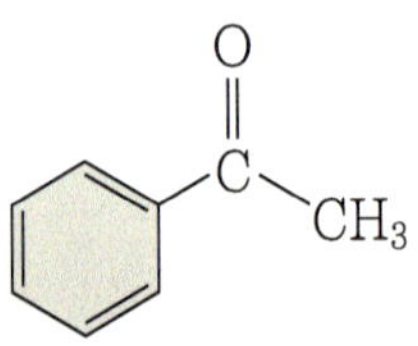	아세토페논 (acetophenone) 녹는점 21℃	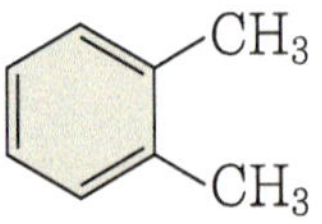	오쏘자일렌 (ortho-xylene) 끓는점 133℃

(5) 벤젠 이외의 방향족 화합물

벤젠 이외에 나프탈렌, 안트라센 등 벤젠형 방향족 화합물(benzenoid aromatic compound)이라고 하는 일련의 화합물이 있다.

일반적으로 방향족 탄화수소는 물에 불용성이며, 유기용매에는 용해된다.

방향족 화합물에는 벤젠고리를 갖는 이외에 질소원자 또는 산소원자를 포함하는 화합물도 있다(hetero 고리화합물).

⟨벤젠형 방향족 화합물⟩

벤젠형	방향족 화합물	분자식
벤젠 (benzene)	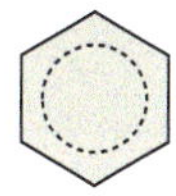	C_6H_6
나프탈렌 (naphthalene)	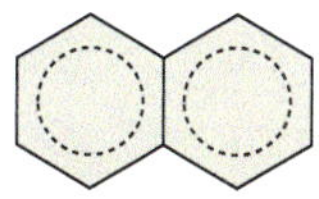	$C_{10}H_8$
안드라센 (anthracene)	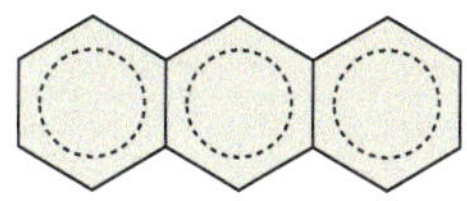	$C_{14}H_{10}$
페난트렌 (phenanthrene)	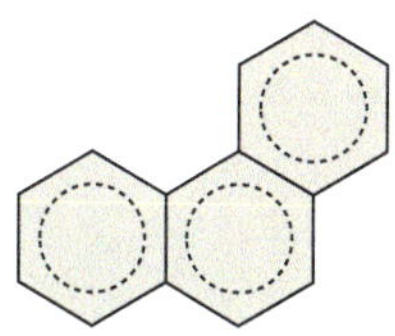	$C_{14}H_{10}$

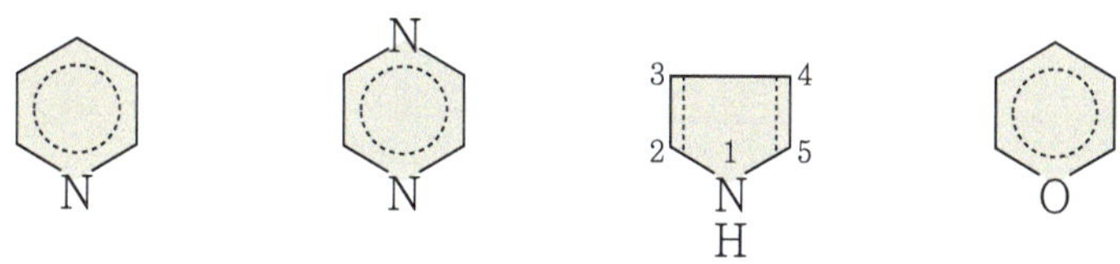

pyridine　pyrazine　pyrrole　furan

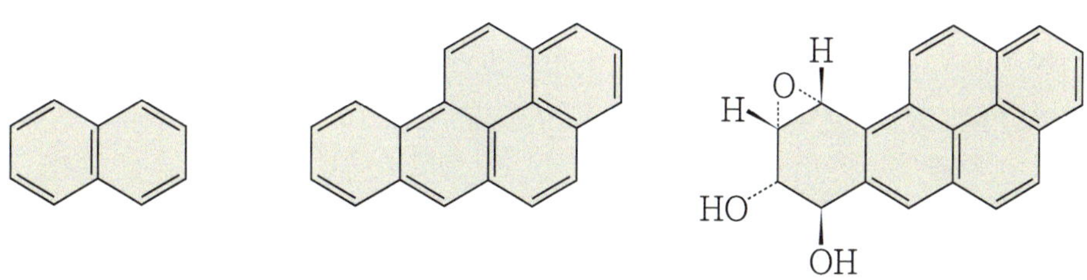

naphthalene　benzo[α]pyrene　dihydrodiol-epoxide

⟨hetero 고리화합물⟩

알아두세요

화학적 발암물질 벤조피렌

–1775년 영국의 외과의사 퍼시벨 포트(Percivall Pott)

–굴뚝청소부 가운데 음낭암의 발병이 많은 것을 보고하고 그 원인이 검댕일 가능성을 표명

–약 150년 후, 검댕 추출물을 도포한 생쥐에서 암이 발생하는 것을 실험으로 알아냄

–1930년, 기타 실험을 통해 많은 여러 고리 방향족 탄화수소가 확인됨

–최초의 발암물질인 벤조피렌이 분리됨

Benzopyrene(벤조피렌, 방향족 탄화수소)

–담배연기 속

–인삼을 여러 번 쪄서 만든 흑삼 속

최근 이슈

–굴뚝 속 그을음에 존재

–간의 효소 퀴논 환원효소(quinone reductase), Gst가 조절해 주는 것으로 알려져 있음

–허용기준량: 유럽 2ppb, 중국 10ppb, 일본과 한국 허용기준량 없음

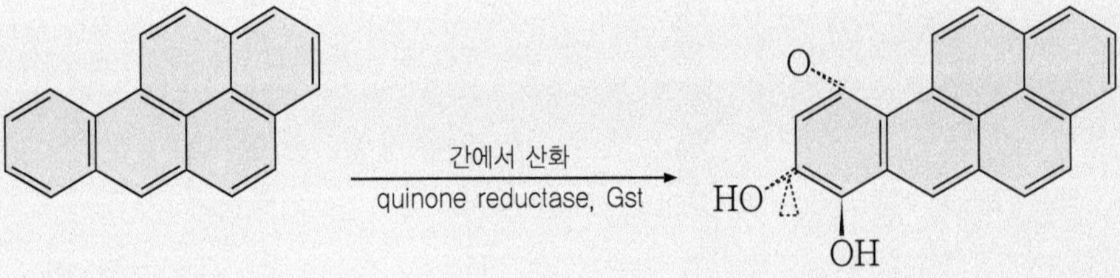

benzo[α]pyrene benzo[α]pyrene–dihydrodiol–epoxide

Chapter 04

알코올과 할로겐 화합물

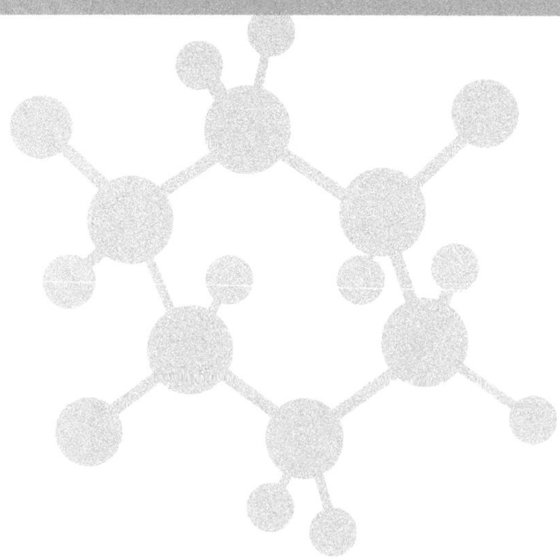

1. 알코올과 명명
2. 할로겐 화합물과 명명

1. 알코올과 명명

알코올은 수산기가 결합하고 있는 탄소원자의 치환기 수에 따라 분류된다. 즉 탄소원자에 알킬기(−R)가 1개 결합한 것을 1차 알코올(primary alcohol)이라 하고, 2개 결합하는 것을 2차 알코올(secondary alcohol, sec)이라 하며, 3개 결합하는 것을 3차 알코올(tertiary alcohol, tert)이라고 한다.

알킬기 수에 따른 분류

$R-CH_2-OH$ 1차 알코올 $CH_3\cdot CH_2\cdot CH_2\cdot CH_2-OH$

(1-butanol)

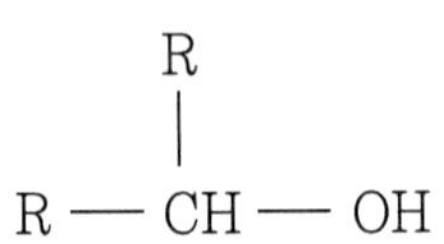

2차 알코올

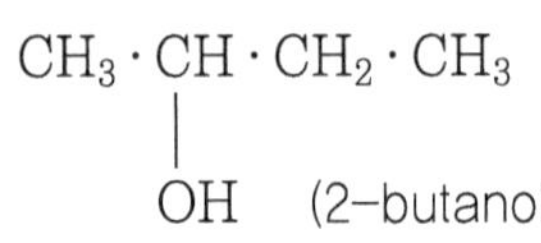

(2-butanol)

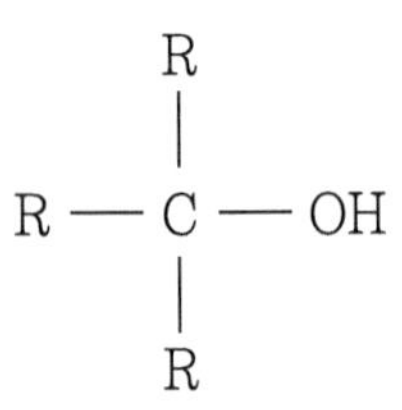

3차 알코올

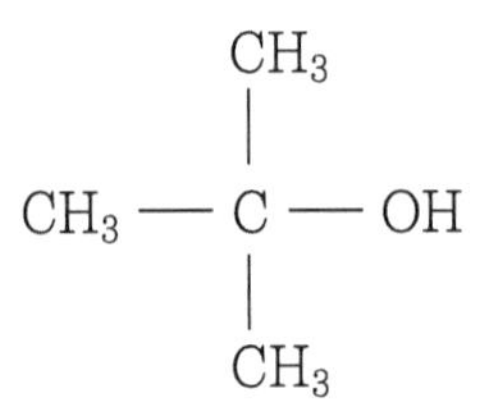

tert-butanol
(2-methyl-2-propanol)

하이드록시기 수에 따른 분류

CH_3-CH_2-OH

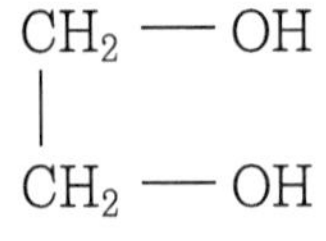

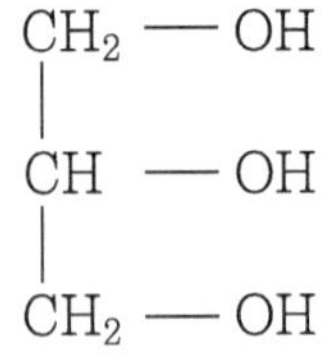

1가 Alc
ethyl Alc

2가 Alc
ethylene glycol

3가 Alc
glycerol(glycerin)

IUPAC 명명법에 의하면 알코올은 탄소수가 같은 알케인의 명칭어미 '안(−ane)'을 '안올(−anol)'로 바꿔 명명한다. 예를 들면, 탄소수 3의 프로페인(propane)의 알코올은 프로판올(propanol)이라 하고, 탄소수 5의 펜테인(pentane)의 알코올은 펜타놀(pentanol)이라 한다.

- **IUPAC 규칙에 따른 명명**

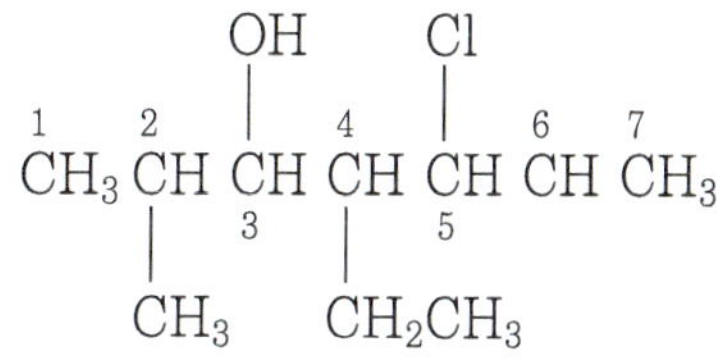

① OH기를 갖는 가장 긴 탄소사슬을 기본 골격으로 하면 탄소의 수가 7이므로 모체는 탄소가 7개인 알코올, 즉 heptanol이 된다.

② OH기의 치환위치번호가 가장 작게 되도록 탄소사슬에 번호를 붙이면 3−heptanol이 된다.

③ 치환기는 2−methyl−4−ethyl이고 이 화합물의 명칭은 5−chloro−4−ethyl−2−methyl−3−heptanol이라고 명명된다.

〈주요 알코올〉

( )는 알코올식 명명법

구조식	명칭
CH_3OH	methanol(methyl alc)
CH_3CH_2OH	ethanol(ethyl alc)
$CH_3CH_2CH_2OH$	1−propanol(n−propyl alc)
$CH_3CH(CH_3)-OH$	2−propanol(isopropyl alc)
$CH_3CH_2CH_2CH_2OH$	1−butanol(n−butyl alc)
$CH_3-C(CH_3)_2-OH$	2−methyl−2−propanol (tert−butyl alc)
$CH_3(CH_2)_4OH$	1−pentanol(n−pentyl alc)

앞의 표에 대표적인 알코올류의 구조를 표시하였으며, 동시에 작용기 명명법인 '알코올 방식' 에서는 탄화수소의 알킬기의 명칭 뒤에 '알코올' 을 붙이는 호칭이다. 예를 들면, 메탄올은 메틸알코올이라고 한다.

• **IUPAC법에 따른 명명 POINT**

▷ 알코올은 수산기를 지니는 가장 긴 사슬을 확인하고 그에 해당하는 알케인의 어미 '-e' 를 접미어 '-올(-ol)' 로 바꿔 줌으로써 명명한다. 수산기의 위치는 숫자로 나타내며, 수산기가 붙어 있는 탄소의 번호가 더 작아지도록 한다.

CH_3CH_2OH

ethanol

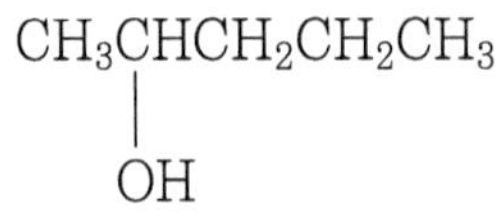

2-pentanol

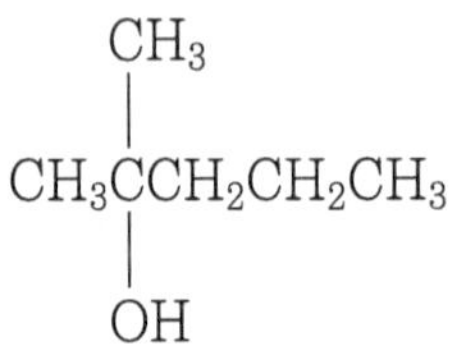

2-methyl-2-pentanol

▷ 수산기는 알킬기와 할로겐치환기보다 탄소사슬의 번호를 매김하는 방향을 결정할 때 우선한다.

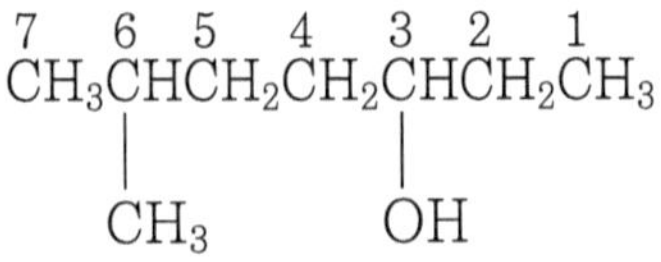

6-methyl-3-heptanol
(2-methyl-5-heptanol이 아님)

$FCH_2CH_2CH_2OH$

3-fluoro-1-propanol
(1-fluoro-3-propanol이 아님)

2. 할로겐 화합물과 명명

주기율표의 우측에 위치하는 2주기 17족의 할로겐족(halogen group)은 플루오린(F), 염소(Cl), 브롬(Br), 요오드(I) 및 아스타틴(At)의 5개 원소의 총칭이다.

자연계에서는 염소가 널리 다량으로 존재하고 있는데, 플루오린·브롬·요오드의 순으로 적으며 유기 할로겐화물도 아래와 같은 순으로 적는다.

F. Cl. Br. I. At

간단한 할로겐화물의 명명은 브롬화에틸(CH_3CH_2Br), 요오드화페닐(C_6H_5I) 등과 같이 할로겐화알킬 또는 할로겐화아릴의 모양으로 부른다. 그러나 보다 복잡한 화합물에는 IUPAC 명명법에 따라서 할로겐을 치환기로 취급하여 '플루오린(fluoro−, F−)', '클로로(chloro−, Cl)', '브로모(bromo−, Br)', '요오드(iodo−, I)' 의 할로겐 명칭에 붙여 탄소 사슬의 모체명을 쓴다.

기타 규정은 지금까지 기술한 명명법과 같다.

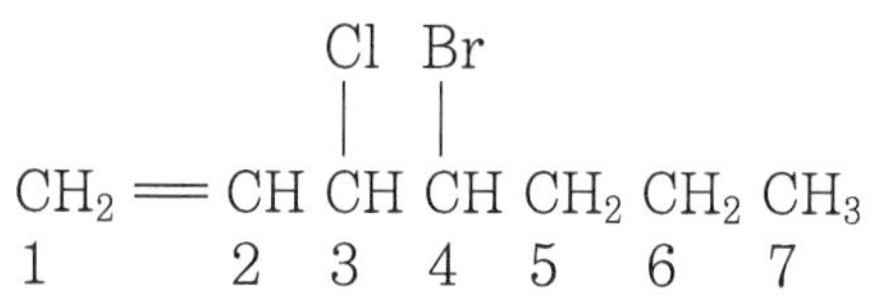

4-bromo-3-chloro-1-heptene

예를 들면, 상기 화합물 명칭은 모체가 1−heptene으로 3−chloro, 4−bromo가 치환기이므로 이것을 알파벳순으로 배열하면 4−bromo−3−chloro−1−heptene이 정식이다.

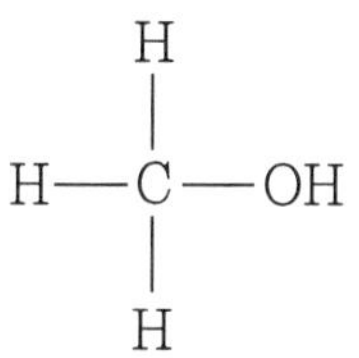

methanol

CH_3OH

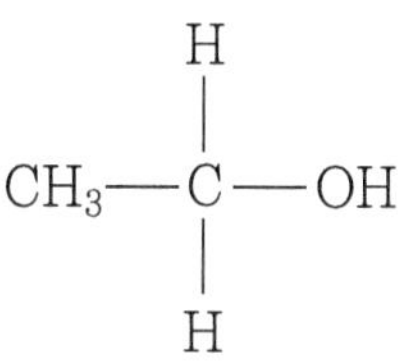

ethanol

$CH_3 — CH_2OH$

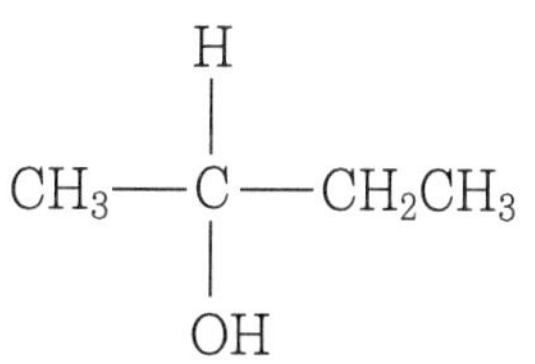

2-butanol

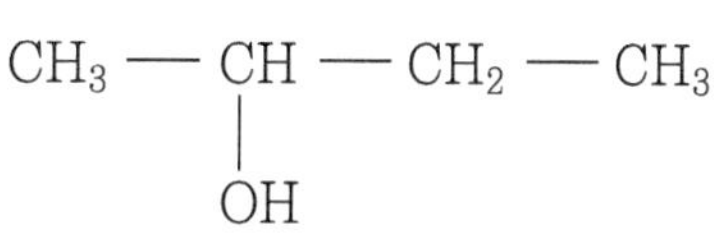

페놀류의 명명은 벤젠핵에 수산기가 결합된 탄소원자를 1로 하고 기타의 치환기 번호가 가장 작게 되도록 하는 방향으로 붙인다. 또한 OH기 이외의 치환기 1개만 갖는 경우는 o, m, p의 표시를 해도 된다.

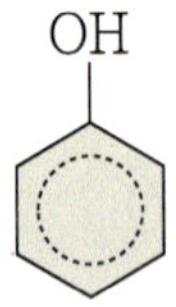

phenol

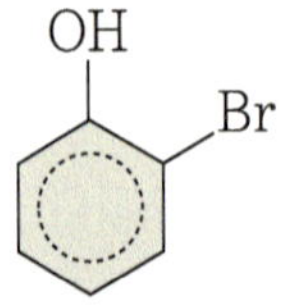

o-bromphenol

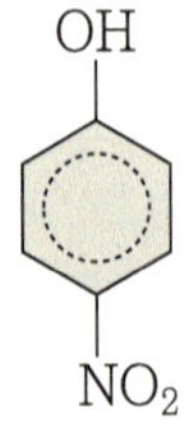

p-nitrophenol

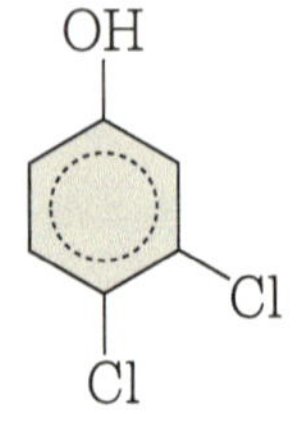

3,4-dichlorophenol

〈할로겐 화합물들〉

명칭	구조식
플루오린화 메틸(methyl fluoride)	CH_3F
염화메틸(methyl chloride)	CH_3Cl
브롬화메틸(methyl bromide)	CH_3Br
요오드화메틸(methyl iodide)	CH_3I
염화메틸렌(methylene chloride)	CH_2Cl_2
클로로포름(chloroform)	$CHCl_3$
사염화탄소(carbon tetrachloride)	CCl_4
염화비닐(vinyl chloride)	$CH_2=CHCl$
테트라클로로에틸렌(tetrachloroethylene)	$CCl_2=CCl_2$

• **IUPAC법에 따른 명명 POINT**

▷ 탄소사슬의 번호는 치환기가 붙어 있는 탄소의 번호가 더 작아지도록 한다.

$^{5}CH_3{}^{4}CH_2{}^{3}CH_2{}^{2}CH_2{}^{1}CH_2F$

1-fluoropentane

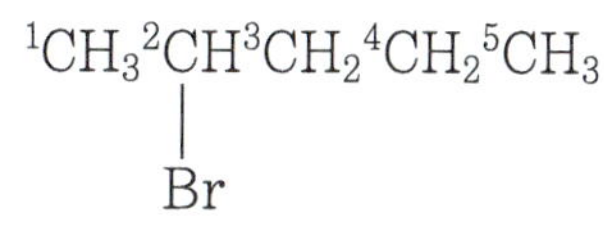

2-bromopentane

▷ 탄소사슬에 할로겐과 알킬기가 동시에 결합되어 있으면, 두 치환기의 번호매김 우선순위는 같으며, 사슬의 번호는 사슬의 말단에 더 가까운 치환기의 번호가 더 작아지도록 한다.

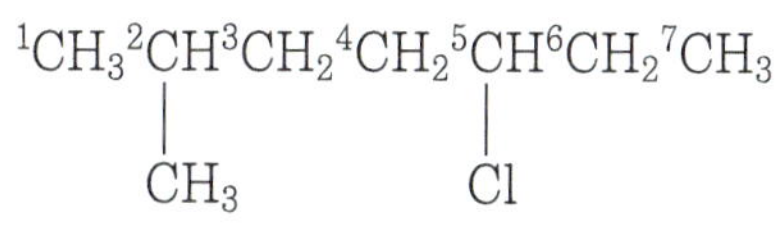

5-chloro-2-methylheptane

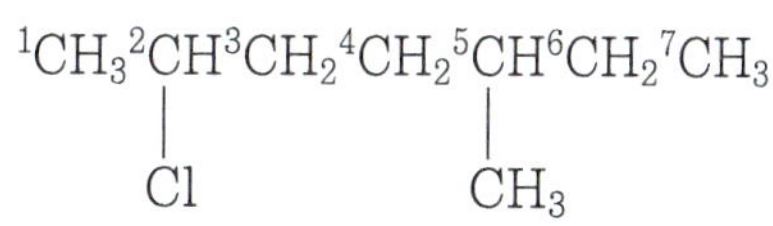

2-chloro-5-methylheptane

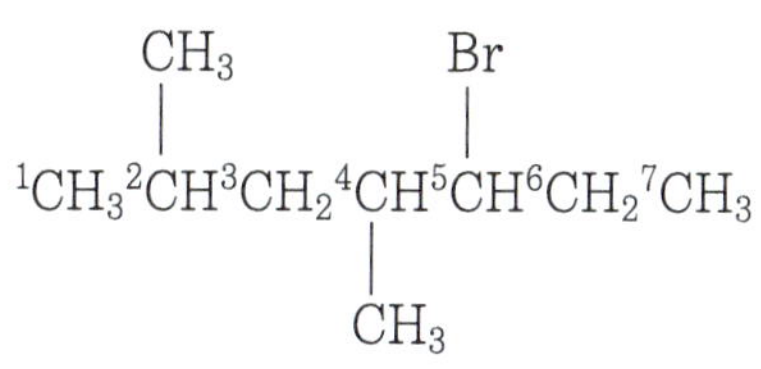

5-bromo-2,4-dimethylheptane

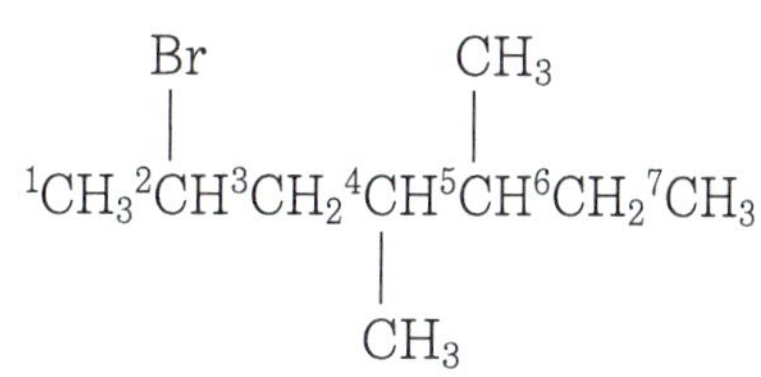

2-bromo-4,5-dimethylheptane

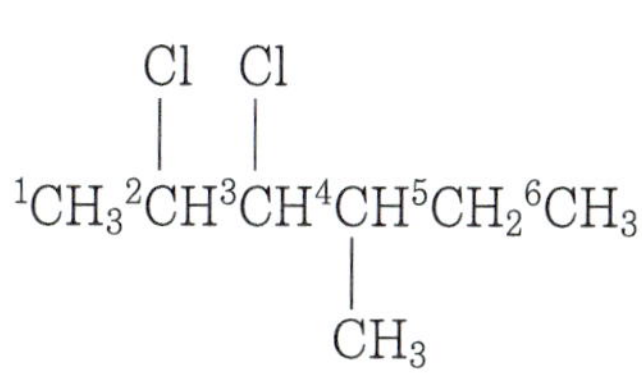

2,3-dichloro-4-methylhexane

〈할로겐화알킬의 명명 예〉

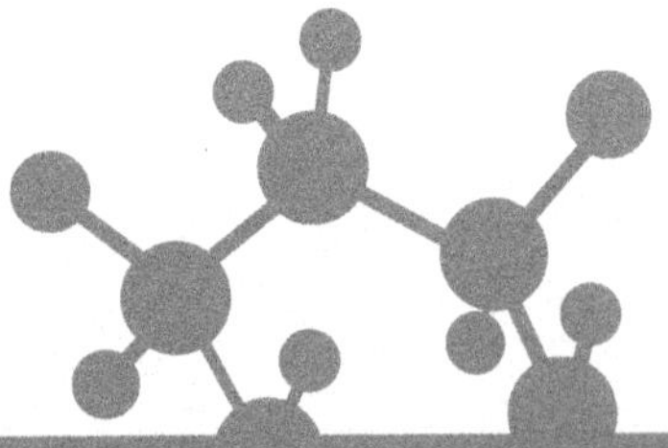

Chapter 05

화학반응

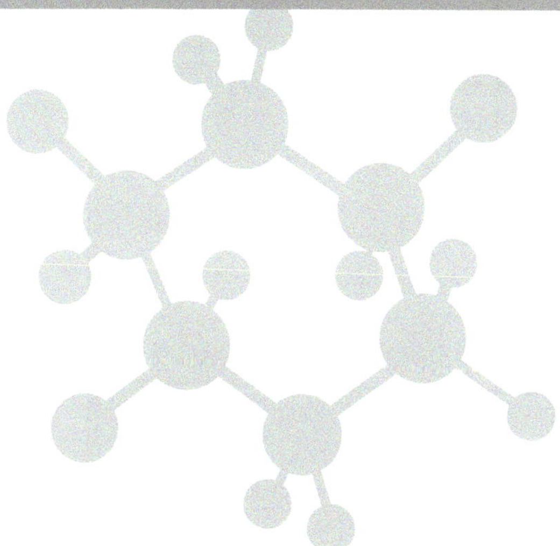

1. 화학반응이란?

화학반응(chemical reaction)은 어떠한 화학 물질이 화학 변화를 겪어 다른 물질로 변화하는 과정으로, 유기화합물(식품 포함)들은 화학반응에 직 · 간접적으로 참여한다. 예를 들어 사과의 갈변반응도 폴리페놀산화효소에 의한 화학반응으로 일어난다.

2. 산-염기반응

(1) 아레니우스 산과 염기

아레니우스에 따르면, 산은 수소이온(H^+)을 방출하기 위해 물 속에서 쪼개지는 화합물이다. 아레니우스 산의 대표적인 예는 염산(HCl)이다.

$$HCl \rightleftarrows H^+ + Cl^-$$

아레니우스 염기는 물에 넣었을 때 수산화이온(OH^-)을 생성하게 하는 화합물로 정의된다. 이 염기의 대표적인 예는 수산화소듐(NaOH)이다.

$$NaOH \rightleftarrows Na^+ + OH^-$$

예외가 물론 있지만 염기는 화학식에 주로 'OH'가 있다. 예를 들어, 암모니아(NH_3)는 수산화이온을 갖고 있지 않지만 다음과 같이 물과 반응할 때 형성된다.

$$NH_3 + H_2O \rightleftarrows NH_4 + OH^-$$

어떤 산화물들은 물에 넣었을 때 산과 염기를 형성한다. 이런 화합물은 물과 반응을 하지 않는 한 H^+나 OH^-를 전혀 제공하지 않기 때문에 '무수화물(anhyride)'이라고 부른다. 일반적으로 비금속산화물은 산무수화물이라고 하며(물에 녹을 때 산을 형성한다), 금속산화물은 염기무수화물이라고 한다(물에 녹을 때 염기를 형성한다).

〈대표적인 산〉

산 이름	화학식
염산(hydrochloric acid)	HCl
질산(nitric acid)	HNO_3
인산(phosphoric acid)	H_3PO_4
황산(sulfuric acid)	H_2SO_4
초산(acetic acid)	$C_2H_3O_2H$

〈대표적인 염기〉

염기 이름	화학식
암모니아(ammonia)	NH_3
수산화포타슘(potassium hydroxide)	KOH
탄산수소소듐(sodium bicarbonate)	$NaHCO_3$
탄산소듐(sodium carbonate)	Na_2CO_3
수산화소듐(sodium hydroxide)	$NaOH$

알아두세요

산-염기반응의 비교

아레니우스 산은 물에서 수소이온(H^+)을 형성하는 화합물이고, 아레니우스 염기는 물에서 수산화이온(OH^-)을 형성하는 화합물이다. 브뢴스테드-로우리 산은 H^+ 이온을 다른 화합물에게 주고, 브뢴스테드-로우리 염기는 H^+ 이온을 받는다. 루이스 염기는 전자쌍을 주는 화합물이며, 루이스 산은 전자쌍을 받는 화합물이다.

〈아레니우스, 브뢴스테드-로우리 및 루이스 산과 염기의 관계〉

(2) 브뢴스테드-로우리 산과 염기

1900년대 초기에, 물이 존재하지 않아도 암모니아가 염산(HCl)의 산성을 중화할 수 있다는 사실을 설명하기 위해 브뢴스테드(Johannes Brønsted)와 로우리(Thomas Lowry)가 산과 염기에 대해 다른 정의를 내렸다. 이 현상은 수산화이온을 형성하기 위해 주변에 물이 존재하지 않더라도 암모니아가 염기임을 보여 준다.

브뢴스테드-로우리 산은 다른 화합물에 수소이온을 주는 화합물로 정의된다. 예를 들어, 염산은 그것과 반응하는 화합물에 H^+ 이온을 준다. 브뢴스테드-로우리 염기는 수소이온을 받는 화합물이다. 암모니아가 HCl로부터 수소이온을 받을 경우 암모늄이온을 형성한다.

다음의 식은 브뢴스테드-로우리 산과 브뢴스테드-로우리 염기의 반응을 잘 보여 준다.

$$HNO_3 + NH_3 \rightleftarrows NO_3^- + NH_4^+$$

이 반응에서, 질산은 암모니아에게 양성자를 주기 때문에 산으로 행동한다. 암모니아는 질산으로부터 양성자를 받기 때문에 염기로 행동한다.

그러나 반응식 오른쪽을 살펴보면, 질산이온(NO_3^-)과 암모늄이온(NH_4^+)을 발견할 수 있다. 질산이온은 암모늄이온으로부터 질산을 형성하기 위해 양성자를 받을 수 있기 때문에 질산이온은 매우 약한 브뢴스테드-로우리 염기이다. 암모늄이온은 질산이온에게 줄 수 있는 양성자를 갖고 있기 때문에 이것은 브뢴스테드-로우리 산이다.

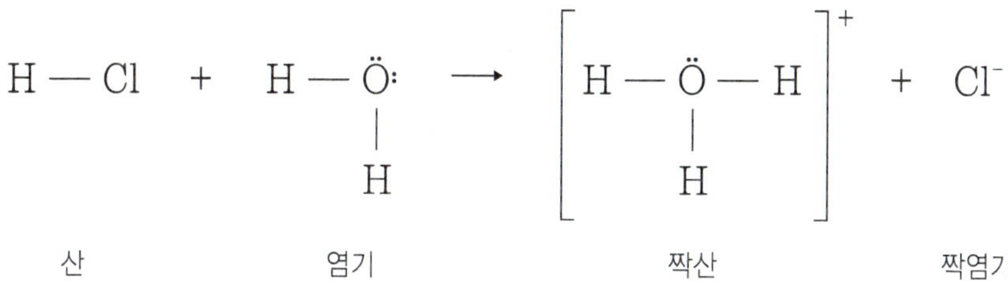

질산이온은 질산 분자에 근거하기 때문에 이것을 질산의 '짝염기(conjugate base)' 라고 한다. 마찬가지로 암모늄이온은 암모니아의 '짝산(conjugate acid)' 이라고 한다. 따라서 짝염기를 갖고 있는 산이나 짝산을 갖고 있는 염기를 '짝산-짝염기쌍' 이라고 한다(HNO_3와 NO_3^-, NH_3와 NH_4^+).

(3) 루이스 산과 염기

브뢴스테드-로우리의 산과 염기의 정의에서 염기는 양성자를 받는 화합물로 정의된다. 그러나 염기가 어떻게 양성자를 받는가?

루이스 염기는 1개의 전자쌍을 또 다른 화합물에게 제공한다. 루이스 산은 전자쌍을 받는 화합물이다. 즉 염기는 전자쌍을 주는 화합물이고, 산은 전자쌍을 받는 화합물이다.

〈산과 염기의 성질〉

성질	산	염기
맛	신맛(식초)	쓴맛(베이킹 소다)
냄새	코를 강하게 자극함	냄새가 거의 없음(NH_3만 제외)
촉감	찐득거림	미끄러움
반응성	금속과 반응하여 H_2를 형성함	많은 기름과 지방에 반응함

3. 유기반응

(1) 첨가반응

첨가반응이란 두 개의 반응물이 합쳐져 하나의 화합물이 되는 것이다.

첨가반응도 친핵성과 친전자성 첨가로 구분된다. 둘 중 어느 것이든 일어나기 위해서는 첨가가 일어나는 분자가 다중결합을 가지고 있어야 한다. 따라서 첨가 반응은 알켄, 알카인, 알데하이드 그리고 케톤 등에서만 가능하다. 첨가 반응은 방향족 화합물에서는 일반적으로 일어나지 않는다. 그 이유는 첨가 반응으로 인해 화합물을 안정화시키는 힘인 방향족성을 잃게 되기 때문이다.

친전자성 첨가 반응의 예로 알켄으로부터 알코올의 합성을 들 수 있는데 탄소-탄소 이중결합은 전자가 풍부하여 친전자체를 유인하므로 이러한 반응은 친전자성이다. 친핵성 첨가반응은 카보닐 화합물들에서 많이 일어나며 이때 카보닐 탄소는 친전자적이고 카보닐 산소는 친핵성이다. 하나의 원자나 그룹이 다중결합의 한쪽 끝에 첨가되면, 다른 한쪽에 양전하가 생성되어 친핵체의 공격을 받게 된다.

(a) 친전자체 첨가반응

(b) 친핵체 첨가반응

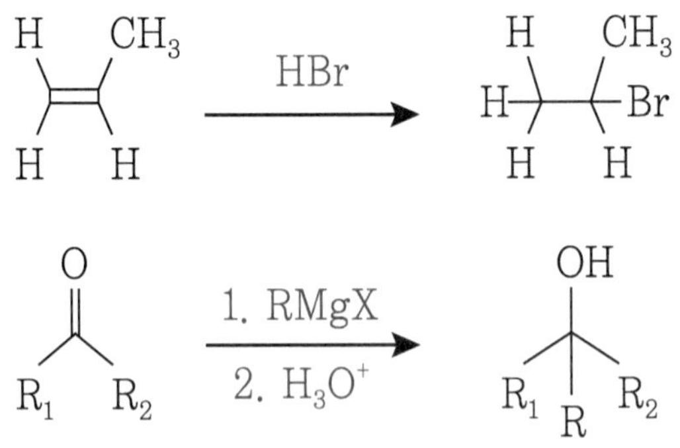

〈친전자체 및 친핵체 첨가반응〉

(2) 제거반응

제거반응은 한 분자의 일부분이 떨어져 나가는 반응이다. 제거 반응은 할로겐화알킬과 알코올 등에서 일어날 수 있으며, 알켄과 HX 혹은 H_2O를 각각 생성한다.

제거 반응은 종종 친핵성 치환반응과 경쟁하며, 치환반응에서와 같이 반응속도 결정단계의 분자도에 따라 나눠진다(E1, E2).

E1 표기는 일분자성(unimolecular) 과정, E2 표기는 이분자성(bimolecular) 과정을 나타낸다.

제거 반응이 일어나기 위해서는 좋은 이탈기와 센 염기가 필요하다. 어떠한 이탈기라도 이탈된 상태가 안정하면 '좋은' 이탈기라고 말하며, 이것들은 반응을 촉진시킨다. 만약 좋은 이탈기가 있고, 이탈기가 붙어 있는 탄소가 양전하를 안정화시키면 탄소양이온 생성이 첫 단계가 되고 반응속도 결정단계가 일분자성(E1)이 된다. 이 과정은 항상 S_N1반응 메커니즘과 경쟁하게 된다. 반응의 두 번째 단계는 염기에 의해 인접된 탄소의 양성자를 떼어내어 알켄을 생성하는 것이다. 그러나 만일 탄소양이온 생성이 안정하지 않으면, 반응의 첫 번째 단계는 이탈기에 인접된 양성자를 제거하는 것이고, 반응속도 결정단계는 이분자성(E2)이 된다. 많은 염기가 친핵체로도 작용할 수 있으므로, 이 과정은 S_N2 메커니즘과 경쟁하게 된다.

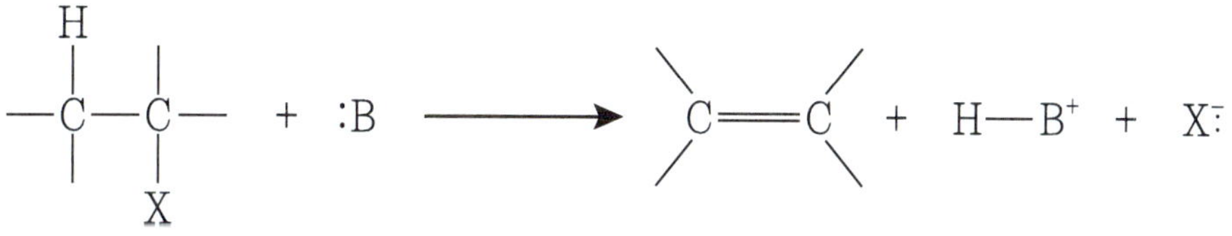

*Alkyl halide에 약염기를 넣으면 이중결합이 있는 alkene이 얻어짐

〈제거반응의 예: 할로겐화 알킬과 약염기의 제거반응〉

4. 산화환원반응

전기화학적인 과정에서 원자들은 전자들을 잃거나 얻는다. 한 원자가 전자를 잃을 때 더 큰 양수의 산화 상태를 갖는데, 이때 원자는 '산화되었다' 고 말한다. 반면 한 원자가 전자를 얻어 더 큰 음수의 산화 상태를 가질 때 이 원자는 '환원되었다' 고 한다. 환원 반응은 산소의 소실 혹은 수소의 첨가가 일어나는 것으로 알카인, 알켄, 방향족 그리고 카보닐 화합물들에서 특징적으로 일어난다. 즉 원자나 화합물이 전자를 얻으면 환원이 된 것이고, 전자를 잃어버리면 산화된 것이다. 산화 혹은 환원 반응들이 가역적이고 이들 반응이 동시에 일어나면 이것을 산화환원짝이라고 하며, 산화와 환원이 일어나는 반응을 '산화환원 반응'이라 한다.

산화환원 반응의 예 $2Na + ZnCl_2 \rightleftarrows Zn + 2NaCl$

식의 왼쪽에 있는 소듐(Na)은 순수한 원소이므로 산화 상태가 0이다. 식의 오른쪽에서 이것은 +1을 갖는다. 여기서 소듐은 전자를 잃어서 더 큰 양수(0 → +1)가 되므로 소듐은 산화되었다고 한다.

식의 왼쪽에 있는 아연(Zn)은 2개의 염소이온(Cl^-)과 결합되어 있으므로 +2 산화 상태를 갖는다. 식의 오른쪽에서 이것은 순수한 원소이므로 산화 상태가 0이다. 여기서 아연이온은 전자를 얻어서 더 작은 양수(+2 → 0)가 되므로 환원되었다고 한다.

염소이온은 식의 양쪽에서 산화 상태가 −1로 같으며 이것은 산화도 환원도 되지 않는다.

Chapter 06

작용기

1. 수산기
2. 에테르
3. 카보닐기
4. 카르복실기와 그 유도체
5. 에스테르의 명명
6. 아미노기

분자의 부분구조에는 C−C, C−H 결합 외에 산소, 질소, 할로겐원자 등을 포함하는 O−H, C−O, C=O, N−H, C−Cl 결합 등이 존재한다. 이러한 결합은 그 화합물의 구조를 정의하며 특징 있는 성질을 나타내므로 작용기(functional group)라고 한다.

예를 들면 −OH는 수산기, >C=O은 카보닐기, $-NH_2$는 아미노기라 하여 의약품의 효과를 좌우하거나 생체 내 반응을 제어한다거나 식물의 색 또는 식품의 향기 등의 특성에도 영향을 준다. 유기화학반응의 대부분은 작용기의 화학이라고도 할 수 있다.

1. 수산기

탄소원자가 수산기(hydroxyl group, −OH)와 결합한 화합물을 알코올이라고 총칭하는데 대개는 알킬기(−R)의 탄소원자에 결합한 것을 알코올(alcohol, ROH)이라 하고, 또한 이중결합을 갖는 탄소원자에 결합한 것을 엔올(enol)이라고 하며, 방향족 골격에 직접 결합한 것은 페놀(phenol, ArOH)이라고 이름 붙여져 있다.

이러한 것들은 유사성도 있으나 상이한 성질도 많다. 구조적으로는 물분자(H_2O)의 수소원자 1개가 알킬기 또는 페닐기로 치환된 것이라고 볼 수 있다.

알코올이나 페놀류의 탄화수소 골격에 수산기가 결합되어 분자의 성질을 지배하므로 알코올류나 페놀류는 수산기를 포함해서 다양한 화학반응을 일으킨다.

알코올과 페놀류는 일반적인 성질이 물과 비슷하기 때문에 물의 유도체로 생각할 수 있다. 물에 있는 수소 2개를 알킬기로 바꾸면 에테르(ether, ROR)가 된다.

〈중요한 작용기〉

구조	화합물의 분류	예	
$>C=C<$	알켄(alkene)	$CH_2=CH_2$,	C_2H_4
$-C\equiv C-$	알카인(alkyne)	$CH\equiv CH$,	C_2H_2
$-\overset{\vert}{\underset{\vert}{C}}-OH$	알코올(alcohol)	CH_3CH_2OH,	CH_3OH
$-\overset{\vert}{\underset{\vert}{C}}-O-\overset{\vert}{\underset{\vert}{C}}-$	에테르(ether)	−O−,	CH_3-O-CH_3

구조	화합물의 분류	예	
O ‖ $-C-H$	알데하이드(aldehyde)	$-CHO$,	CH_3CHO
$>C=O$	케톤(ketone)	CO,	CH_3 $H_3C-C=O$
O ‖ $-C-OH$	카르복시산 (carboxylic acid)	$-COOH$,	CH_3COOH
O ‖ $-C-O-$	에스테르(ester)	$-COO-$,	CH_3COOCH_3
O | $-C-NH_2$ |	아민(amine)	$-NH_2$,	CH_3-NH_2
O ‖ $-C-NH_2$	아마이드(amide)	$-CONH_2$,	$NH_2-CO-NH_2$

* $-NH_2$기: 아미노기, $-\overset{|}{N}H$기: 이미노기, $-NO_2$: 니트로기, $-\underset{|}{N}O$: 니트로소기, $-CH_3$: 메틸기, $-C_2H_5$: 에틸기

2. 에테르

에테르(ether)의 일반식은 R–O–R, R–O–Ar, Ar–O–Ar로 나타낸다. 또한 물의 1치환체가 알코올(R–OH), 2치환체가 에테르라고 한다. 물과 알코올과는 유사성도 있으나 물과 에테르는 성질이 매우 다르다.

(1) 에테르의 명명

비교적 간단한 화합물의 경우는 보통 관용명으로 명명하며, 원자단의 명칭 다음에 에테르를 붙여 부른다. 한편 산소원자에 동일한 치환기가 붙어 있을 경우에는 치환기의 명칭에 접두어 '디(di–)'를 붙이며, 일반적으로 '디'를 생략하고 부르는 경우가 많다.

$CH_3 — O — CH_3$ metyl ether(dimethyl ether)

$CH_3CH_2 — O — CH_2CH_3$ etyl ether(diethyl ether)

2개의 치환기가 서로 다른 경우에는 2개의 치환기 명칭(알파벳순)을 연결하고 그 뒤에 '에테르' 를 이어 붙이면 된다(알파벳순).

$CH_3CH_2 — O — CH_2CH_2CH_3$ ethyl propyl ether

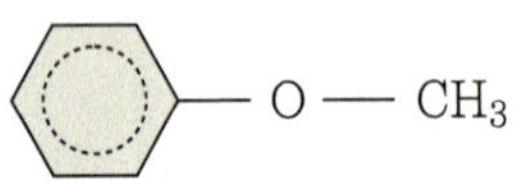

methyl phenyl ether(anisole)

보다 복잡한 에테르 명명법은 가장 긴 탄소사슬을 모체로 선정하고 산소를 함유하는 탄소사슬 R−O−기를 알콕시기(alkoxyl group)라 하여 하나의 치환기로 생각한다. 즉 알킬기에 결합하고 있으므로 −옥시(−oxy)가 된다.

$CH_3 — O —$ methoxy

$CH_3CH_2 — O —$ ethoxy

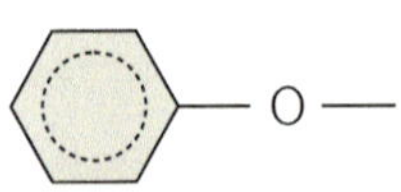

phenoxy

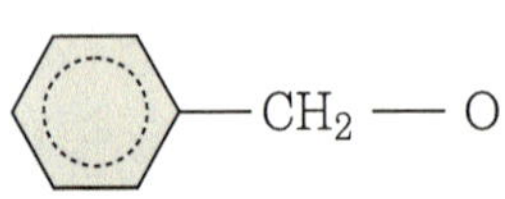

benzyloxy

〈에테르 및 알케인의 분자량〉

구조	명칭	분자량
CH_3OCH_3	메틸 에테르(methyl ether)	46
$CH_3CH_2CH_3$	프로페인(propane)	44

구조	명칭	분자량
$CH_3OCH_2CH_3$	에틸 메틸 에테르 (ethyl methyl ether)	60
$CH_3CH_2CH_2CH_3$	*n*–뷰테인 (*n*–butane)	58
$CH_3CH_2OCH_2CH_3$	다이에틸 에테르(diethyl ether)	74
$CH_3CH_2CH_2CH_2CH_2CH_3$	*n*–펜테인(*n*–pentane)	72
$CH_3CH_2OCH_2CH_2CH_3$	에틸 프로필 에테르 (ethyl propyl ether)	88
$CH_3CH_2CH_2CH_2CH_2CH_3$	*n*–헥세인(*n*–hexane)	86
$CH_3CH_2CH_2OCH_2CH_2CH_3$	디프로필 에테르(dipropyl ether)	102
$CH_3CH_2CH_2CH_2CH_2CH_2CH_3$	*n*–헵테인(*n*–heptane)	100

3. 카보닐기

카보닐기(>C=O)는 수소원자나 탄소원자와 결합하는 알데하이드(aldehyde), 케톤(keton)류 외에 산소원자나 질소원자 등의 헤테로원자와도 결합하여 여러 가지 화합물들을 생성한다. 여기에서는 알데하이드와 케톤 그룹 화합물에 대해서 기술한다.

카보닐기 화합물은 알데하이드 또는 케톤의 형태로서 자연계에 널리 분포되고 있으며, 우리 생활에 유용한 화합물도 많고 유기합성 화학공업에서는 없어서는 안 될 원료이다. 즉 카보닐의 반응성이 높으므로 카보닐 화합물의 화학이 유기화학의 중심이 되고 있다고 해도 과언이 아닐 정도로 많이 이용되고 있다.

〈카보닐기를 지니는 화합물〉

화학족	작용기 이름	일반식	작용기 구조	화합물의 예	이름
알데하이드	카보닐기	$R\overset{O}{\overset{\|}{C}}H$	$-C-\overset{O}{\overset{\|}{C}}-H$	$CH_3\overset{O}{\overset{\|}{C}}H$	에탄알 또는 아세트 알데히드

화학족	작용기 이름	일반식	작용기 구조	화합물의 예	이름
케톤	카보닐기	O ‖ RCR	O ‖ －C－C－C－	O ‖ CH_3CCH_3	프로파논 (propanone) 또는 Acetone
카르복시산	카르복실기	O ‖ RCOH	O ‖ －C－OH	O ‖ CH_3COH	에탄산 또는 아세트산
에스테르	에스테르	O ‖ RCOR	O ‖ －C－C－O－	O ‖ $CH_3COCH_2CH_3$	에틸에타노에이드 또는 에틸아세테이트
아마이드	아마이드	O ‖ $RCNR_2$	O ‖ －C－N－	O ‖ CH_3CNH_2	에탄아마이드

(1) 알데하이드와 케톤의 명명법

카보닐기가 결합하는 대상이 되는 원자의 한쪽이 수소원자이며, 다른 한쪽은 알킬기 또는 아릴기이다. 수소원자를 갖는 화합물을 아릴기의 경우 케톤이라고 한다. 케톤에는 고리 모양의 것도 존재한다.

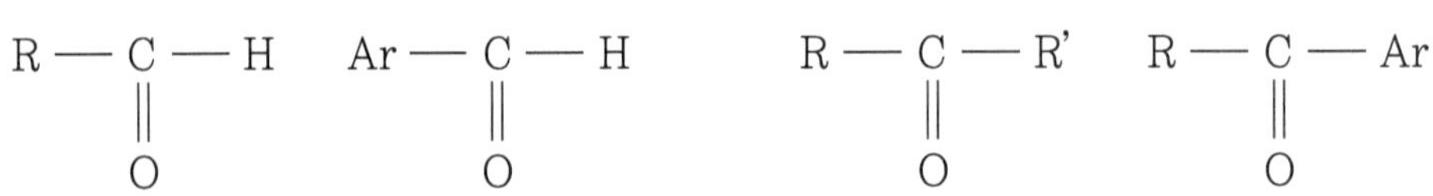

-알데하이드-　　　　　　　　-케톤-

R · CHO　　Ar · CHO　　R · COR　　R · CO · Ar

알데하이드 및 케톤은 관용명으로 불리는 경우가 많다. 알데하이드에는 포름알데하이드(formaldehyde), 아세트알데하이드(acetaldehyde), 프로피온알데하이드(propionaldehyde), 아크롤레인(acrolein, aceryladehyde) 등이 있다. 케톤의 경우는 카보닐기에 결합하고 있는 2종의 치환기 명칭을 연결한 후에 케톤(－ketone)을 붙이는 보통명명법이 있다.

$HCHO$	CH_3CHO	CH_3CH_2CHO
formaldehyde (methanal)	acetaldehyde (ethanal)	propionaldehyde (propanal)
$CH_3\underset{\underset{\displaystyle O}{\|}}{C}CH_3$	$CH_3\underset{\underset{\displaystyle O}{\|}}{C}CH_2CH_3$	$CH_2=CHCHO$
acetone (propanone)	ethyl methyl ketone (butanone)	acrolein (propenal)

IUPAC의 명명법에서는 카보닐기를 함유하는 가장 긴 탄소사슬을 기본 골격으로 선택하고, 알데하이드의 경우에는 어미를 '알(-al)' 이라 하고, 케톤의 경우에는 '온(-one)' 이라고 한다. 또 알데하이드기는 항상 탄소사슬의 끝에 오는 것이므로 그 탄소원자의 번호를 끝으로부터 부여한다.

〈알데하이드와 카르복시산의 관용명〉

화학족	작용기 이름	일반식	작용기 구조
포름알데하이드 (Formaldehyde)	$H-\overset{\overset{\displaystyle O}{\|}}{C}-H$	Formic acid	$H-\overset{\overset{\displaystyle O}{\|}}{C}-OH$
아세트알데하이드 (Acetaldehyde)	$CH_3-\overset{\overset{\displaystyle O}{\|}}{C}-H$	Acetic acid	$CH_3-\overset{\overset{\displaystyle O}{\|}}{C}-OH$
프로피온알데하이드 (Propionaldehyde)	$CH_3-CH_2-\overset{\overset{\displaystyle O}{\|}}{C}-H$	Propionic acid	$CH_3-CH_2-\overset{\overset{\displaystyle O}{\|}}{C}-OH$
부티드알데하이드 (Butyraldehyde)	$CH_3-CH_2-CH_2-\overset{\overset{\displaystyle O}{\|}}{C}-H$	Butyric acid	$CH_3-CH_2-CH_2-\overset{\overset{\displaystyle O}{\|}}{C}-OH$
벤즈알데하이드 (Benzaldehyde)	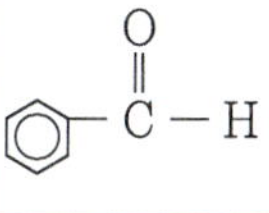	Benzoic acid	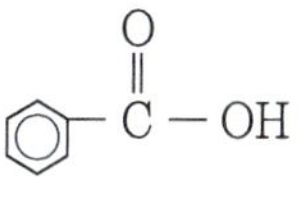

〈카보닐 화합물과 다른 화합물의 비점 비교〉

명칭	구조식	분자량	비점(b.p.)(℃)
노르말뷰테인 (*n*−butane)	$CH_3CH_2CH_2CH_3$	58	−0.5
이소뷰테인 (isobutane)	CH_3CHCH_3 | CH_3	58	−10
에틸메틸에테르 (ethyl methyl ether)	$CH_3CH_2OCH_3$	60	8
프로피온알데하이드 (propionaldehyde)	CH_3CH_2CHO	58	49
아세톤(acetone)	CH_3CCH_3 ‖ O	58	56
프로필 알코올(propyl alcohol)	$CH_3CH_2CH_2OH$	60	97
아이소프로필알코올 (isopropyl alcohol)	CH_3CHCH_3 ‖ OH	60	82

(2) 카보닐 화합물의 반응

1) 수화 반응

물의 산소원자는 친핵적으로 카보닐기에 첨가하여 수화물, 즉 geminal diol(또는 gem-diol)을 생성한다.

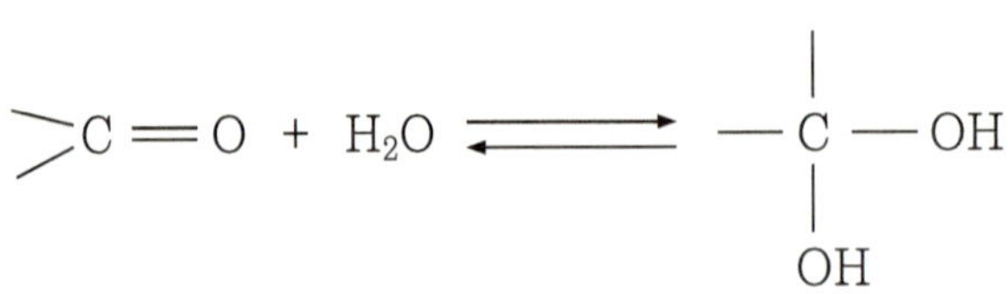

일반적으로 gem−diol은 불안정하고 반응의 평형은 좌측의 카보닐 화합물 쪽으로 기울어지는데 formaldehyde나 카보닐기 가까이에 전자를 당기는 치환기가 있는 trichloroacetaldehyde(choloral), triketoindance 등은 수화물이 안정하게 존재하게 된다.

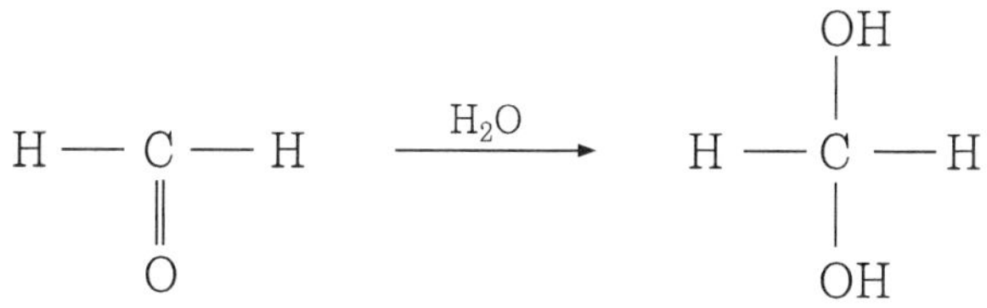

formaldehyde

gem-diol
formaldehyde hydrate

2) 환원 반응

알데하이드와 케톤은 알켄의 환원에 사용한 동일시약, 즉 니켈(Ni)이나 Pt촉매의 존재하에 수소에 의해서 알코올로 변환될 수 있음을 우리는 이미 알고 있다. 또한 알데하이드와 케톤은 카보닐기에 첨가하는 친핵성수소를 제공하는 몇 가지 시약에 의해서도 환원된다. 수소화알루미늄리튬($LiAlH_4$)은 이러한 시약 중에서 가장 일반적으로 사용되는 시약이다.

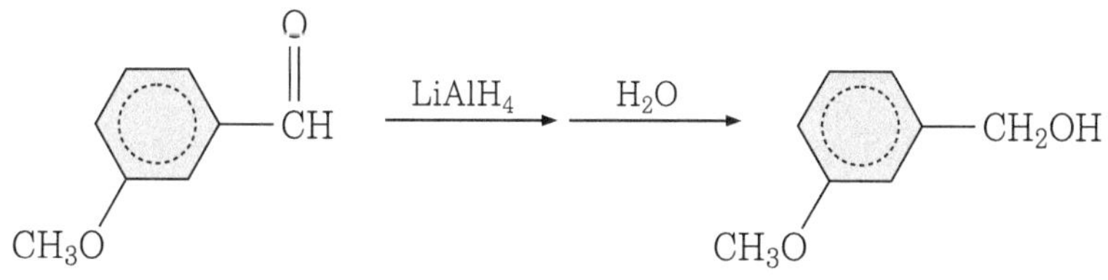

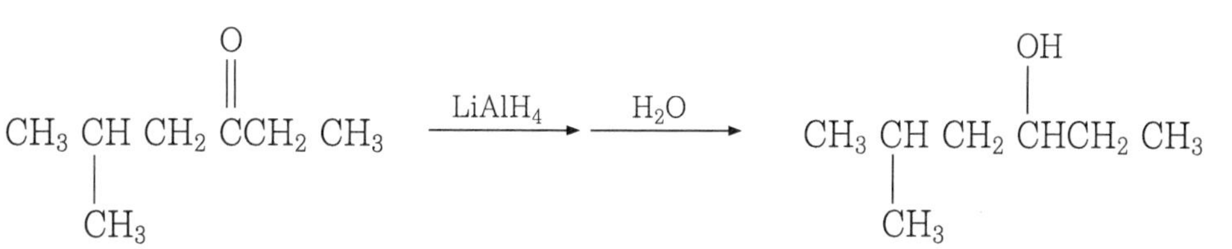

4. 카르복실기와 그 유도체

카르복실기(−COOH)는 카보닐기(>C=O)에 수산기(−OH)가 결합한 작용기로 이 카르복실기를 가진 화합물을 카르복시산(carboxylic acid)이라고 한다. 카르복시산은 자연계에 널리 존재하고, 지방산이라 부르는 집단의 카르복시산은 동식물 지방의 구성성분이며, 또한 중요한 영양소의 하나이다.

(1) 카르복시산의 명명

카르복실기를 1개 가진 것을 모노카르복시산(monocarboxylic acid)이라고 한다. 또한 카르복실기를 2개 가진 것을 디카르복시산(dicarboxylic acid)이라고 한다.

일반적으로 관용명이 널리 사용되고 있으며, IUPAC 명명법에 의한 카르복시산 명칭은 같은 수의 탄소골격을 갖는 알케인 명칭의 어미 '−e'를 '−oic'으로 바꾸고 'acid'(2산일 때는 '−dioic acid')를 붙여 부른다.

탄화수소의 모체가 결정되면 지금까지 기술한 방법에 의하여 치환기 명칭과 그 치환위치를 나타내는 탄소번호를 기록한다. 이때 카르복실기의 탄소번호를 1로 정한다.

$$^{3}CH_3{}^{2}CH_2{}^{1}COOH$$

Propionic acid

이중결합이나 삼중결합을 가진 카르복시산의 경우도 마찬가지로 알켄·알카인 명칭의 어미 '−e'를 '−oic acid'(염 또는 중성에테르는 '−(o)ate'라고 한다)로 바꾸면 된다. 예를 들면, 다음 화합물은 3−bromo−2−butenoic acid와 4−chloro−2−pentynoic acid이다.

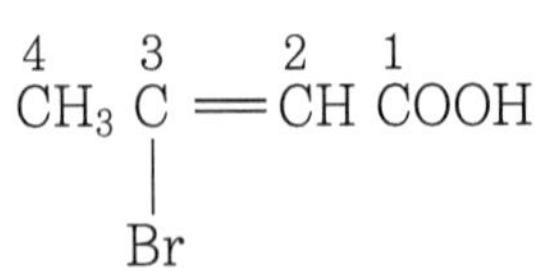

3-bromo-2-butenoic acid

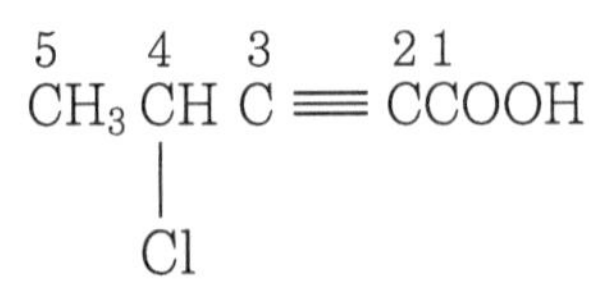

4-chloro-2-pentynoic acid

카보닐탄소에서 멀리 떨어지는 순서에 따라 $\alpha, \beta, \gamma, \delta$ … 등으로 문자가 지정된다.

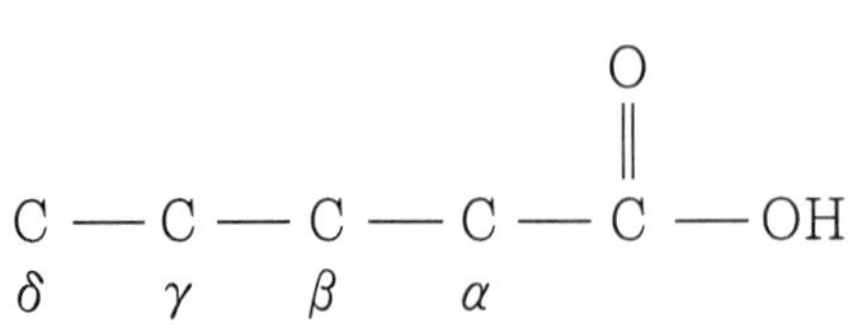

α(알파) 위치는 항상 카보닐기에 직접 결합된 탄소이다. 예시는 아래의 자료를 참고한다.

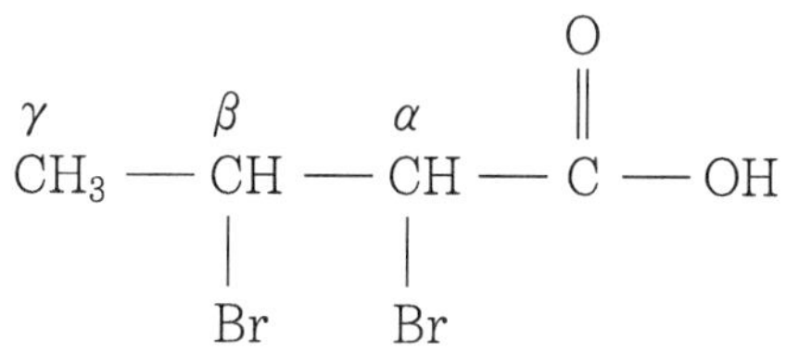

α,β-dibromo-butyric acid

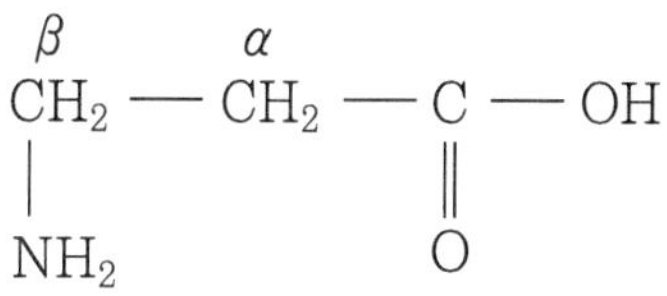

β-amino acid

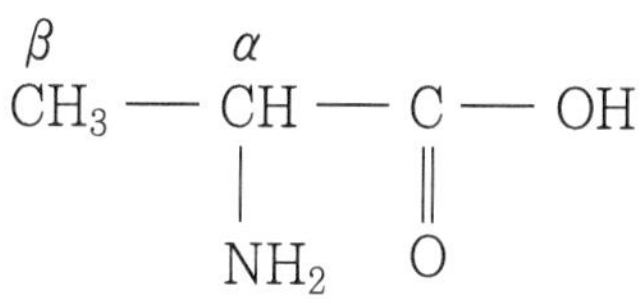

α-amino acid

가장 간단한 디카르복시산의 IUPAC 명명법은 옥살산(ethanedioic acid)이다.

보통 관용명으로 옥살산(oxalic acid, 수산)이라 부르고 있고 다른 디카르복시산도 다음과 같은 관용명을 많이 쓴다.

다음은 디카르복시산(dicarboxylic acid)과 트리카르복시산(tricarboxylic acid)들이다.

$$HOOC - COOH$$

oxalic acid
(ethanedioic acid)

$$HOOC - CH_2 - COOH$$

malonic acid

$$HOOC - CH_2 - CH_2 - COOH$$

succinic acid

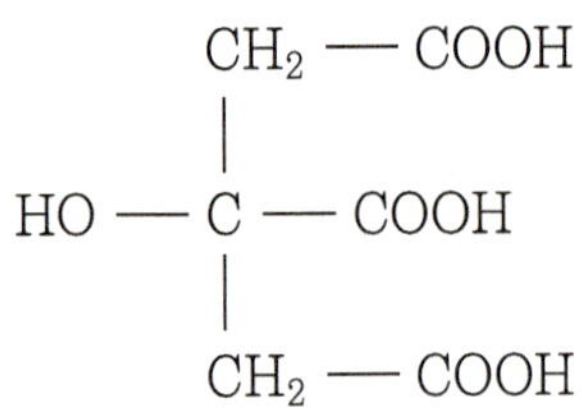

citric acid

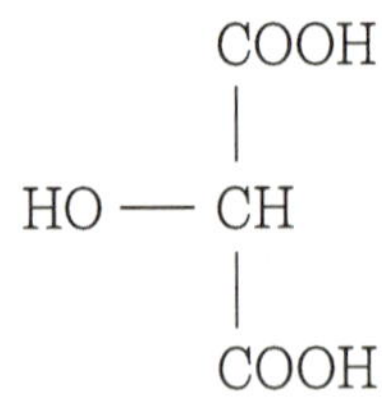

malic acid

〈카르복시산의 관용명 및 소재〉

구조식	탄소 수	관용명	소재
HCOOH	1	포름산(formic acid)	개미의 체내
CH_3COOH	2	아세트산(acetic acid)	식초
CH_3CH_2COOH	3	프로피온산(propionic acid)	우유, 버터
$CH_3(CH_2)_2COOH$	4	부티르산(butyric acid)	버터
$CH_3(CH_2)_4COOH$	6	카프로산(caproic acid)	버터, 동물지방
$CH_3(CH_2)_6COOH$	8	카프릴산(caprylic acid)	코코넛유
$CH_3(CH_2)_8COOH$	10	카프릭산(capric acid)	팜핵유, 야자유
$CH_3(CH_2)_{10}COOH$	12	라우로산(lauric acid)	코코넛유, 야자유
$CH_3(CH_2)_{12}COOH$	14	미리스트산(myristic acid)	코코넛유
$CH_3(CH_2)_{14}COOH$	16	팔미트산(palmitic acid)	동 · 식물류
$CH_3(CH_2)_{16}COOH$	18	스테아르산(stearic acid)	동 · 식물류
$CH_3(CH_2)_{18}COOH$	20	아라크산(arachidic acid)	피넛유

방향족 카르복시산의 경우에도 방향족 탄화수소의 명칭 어미에 '-oic acid'를 붙여 부른다. 또한 카르복실기를 치환기로 생각하고 모체화합물의 어미에 '-카르복시산'(-carboxylic acid)을 붙여도 된다. 이 명명법은 탄소고리 또는 헤테로고리에 카르복실기를 갖는 산에 적용된다.

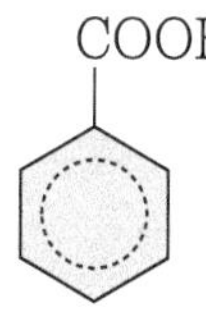

benzoic acid
(benzene carboxylic acid)

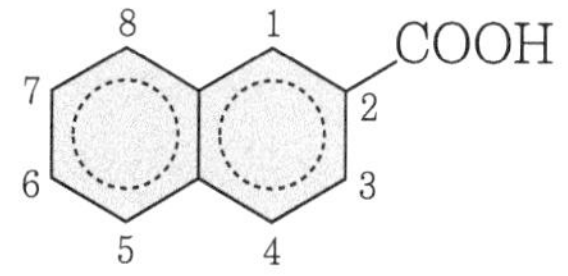

2–naphtoic acid
(2–naphthalene carboxylic acid)

(2) 카르복시산의 반응

1) 알칼리염의 생성

카르복시산은 수산화알칼리와 같은 염기와 반응하여 카르복시산염을 생성한다. 카르복시산염은 카르복시산에 비하여 일반적으로 수용성이 높다.

예를 들면 벤조산(benzoic acid)은 25℃에서 100g의 물에 0.25g밖에 용해되지 않으나, 소듐(sodium), 벤조산염(benzoate)은 61g까지 용해되고 탄산수소소듐($NaHCO_3$) 용액에서도 염을 형성하여 물에 용해된다.

$$RCOOH + NaOH \longrightarrow RCOO\ Na^+ + H_2O$$
$$RCOOH + NaHCO_3 \longrightarrow RCOO\ Na^+ + CO_2 + H_2O$$

2) 카르복시산의 환원

카르복시산은 산화 반응의 최종단계에 있는 화합물이므로 역으로 알데하이드나 알코올로 환원될 수 있다.

$$RCOOH \xrightarrow{SOCl_2} RCOCl \xrightarrow{H_2} RCHO$$
$$RCOOH \xrightarrow{LiAlH_4} RCH_2OH$$
$$CH_3COOH \xrightarrow{\text{환원}} CH_3CHO \xrightarrow{\text{환원}} CH_3CH_2OH$$

acetic acid　　acetaldehyde　　ethyl alcohol

카르복시산은 수소화알루미늄리튬($LiAlH_4$)으로 환원하면 1차 알코올이 생성된다.

3) 에스테르화 반응

에스테르는 산 촉매 전제하에서 카르복시산과 알코올을 가열하여 제조할 수 있다. 아세트산과 에탄올을 소량의 황산과 함께 가열하면 물과 아세트산에틸을 생성한다.

$$CH_3COOH + CH_3CH_2OH \xrightarrow[\text{에스테르화}]{H^+} CH_3COOC_2H_5 + H_2O$$

ethyl methyl ester

이 반응을 에스테르화(esterification) 반응이라 하며 에스테르 물질들은 대개 향기롭다.

5. 에스테르의 명명

에스테르(ester)는 카르복시산과 알코올로부터 물 1분자가 탈수되어 축합된 형태의 화합물로서 그 명명법은 양쪽 화합물로부터 유래되는 명칭을 나타내고 그 뒤에 알코올명(알킬기 또는 아릴기의 명칭)을 붙인다. IUPAC명은 먼저 알코올명 '–yl(일)'을 붙이고, 다음에 카르복시산명을 붙여 그 어미 '–ic acid'를 '–ate'로 한다.

$HCOOCH_3$ (HCOO: formic acid, CH_3: methyl alcohol) — methyl formate

$CH_3COOCH_2CH_3$ (CH_3COO: acetic acid, CH_2CH_3: ethyl alcohol) — ethyl acetate

5원자 고리 및 6원자 고리의 락톤은 매우 안정된 화합물이다. 자연계에 존재하는 락톤류에는 비타민 C로 알려진 아스코르브산(ascorbic acid)이나 테르펜(terpene)류의 생합성에 있어서의 기본 화합물인 메발론산(mevalonic acid), 또는 방향성분의 하나인 쿠마린(coumarin) 등이 있다.

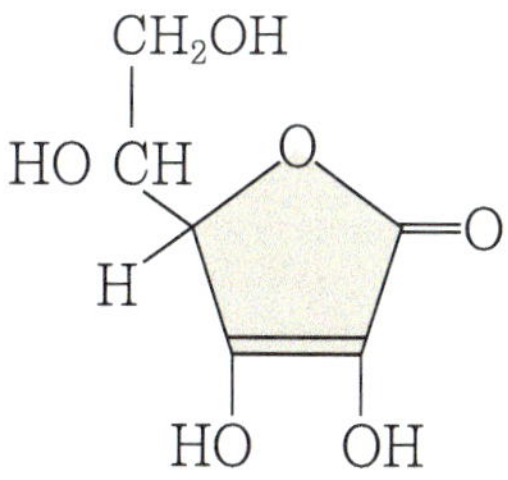

L-ascorbic acid
(vitamin C)

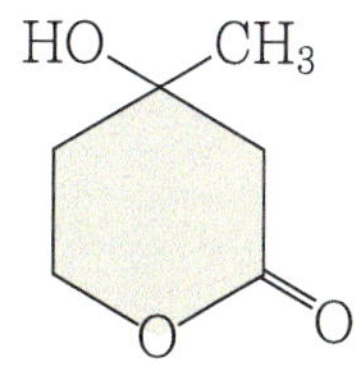

mevalonic acid

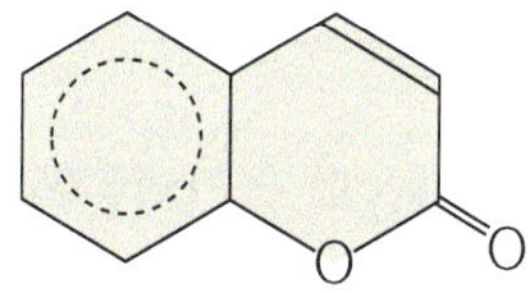

coumarin

(1) 에스테르의 성질

에스테르류는 원래의 카르복시산에 비하여 극성도 낮고 비점 또는 물에 대한 용해성도 낮다. 저분자의 에스테르는 유기화합물의 용제로 널리 이용되며, 고분자의 에스테르는 글리세린에스테르로서 유지나 밀랍형태로 동식물 체내에 존재하고 있다.

〈에스테르 및 향기의 특성〉

에스테르	구조식	향기
포름산 에틸(ethyl formate)	$HCOOCH_2CH_3$	럼
포름산 아이소부틸(isobutyl formate)	$HCOOCH_2CH(CH_3)_2$	라즈베리
n-펜틸 아세테이트 [*n*-pentyl acetate(*n*-amyl)]	$CH_3COOCH_3CH_2CH_2CH_3CH_3$	바나나
아이소펜틸 아세테이트 [isopentyl acetate(isoamyl)]	$CH_3COOCH_2CH(CH_3)_2$	배
n-옥틸 아세테이트 (*n*-octyl acetate)	$CH_3CH_2CH_2COOCH_2CH_3$	오렌지
에틸 뷰티레이트(ethyl butyrate)	$CH_3CH_2CH_2COOCH_2CH_3$	파인애플
n-펜틸 뷰티레이트 (n-pentyl butyrate)	$CH_3CH_2CH_3COOCH(CH_2)_4CH_3$	살구

또한 저분자의 에스테르에는 방향성을 갖는 것이 많다. 과일의 향기는 많은 향기화합물로부터 이루어지지만 에스테르가 주요한 향기 성분을 나타내는 경우가 많다.

(2) 지방산의 글리세린에스테르

유지(지방산 트리글리세리드)를 염기성 용액에서 가수분해하면 글리세린과 지방산염이 생성된다. 이 염이 비누(라틴어로는 sapon)이므로 에스테르의 염기성 가수분해를 비누화(saponification) 반응이라고 한다.

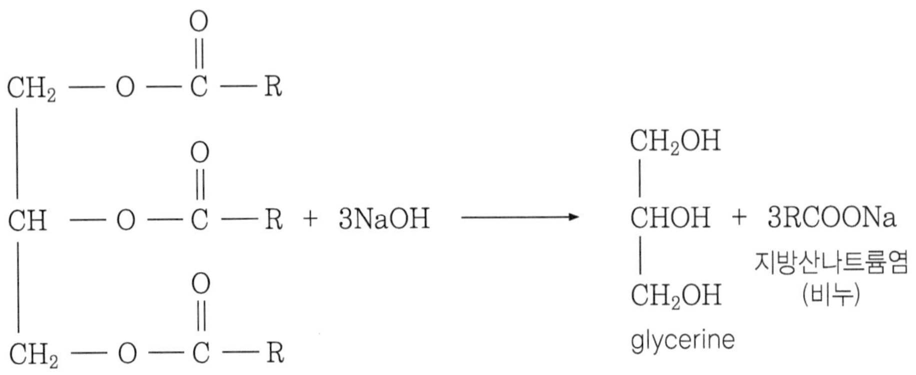

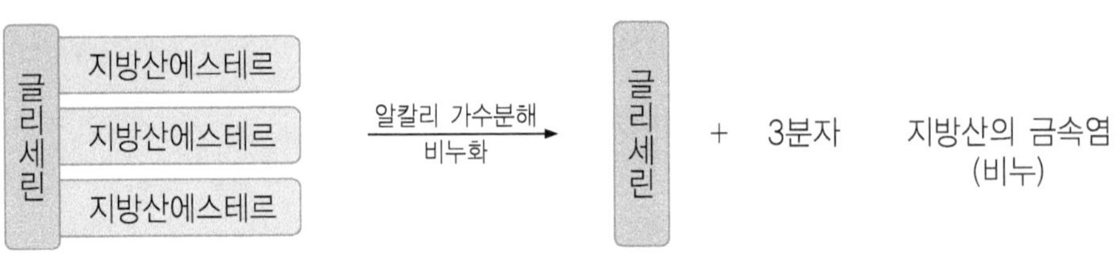

6. 아미노기

(1) 아민의 구조와 명명법

암모니아(NH_3)의 수소원자가 알킬기(−R)나 아릴기(−Ar)로 치환하여 이루어진 화합물을 아민(amine)이라고 한다. 치환기의 수에 따라서 1차 아민(R−NH_2), 2차 아민(R−NH−R′), 3차 아민으로 분류된다. 또한 4차 암모늄이온도 아민 중에 포함된다.

암모니아
(ammonia)

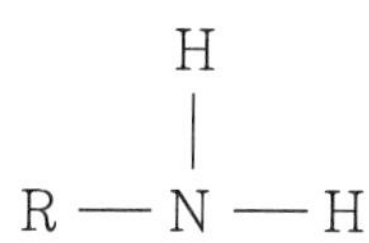

1차 아민
(primary amine)

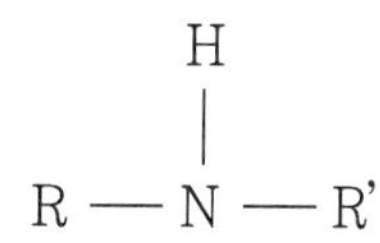

2차 아민
(secondary amine)

아민의 명명은 질소의 치환된 알킬기나 아릴기의 명칭을 알파벳 순서로 배열하고 그 뒤에 '아민(−amine)' 을 붙인다.

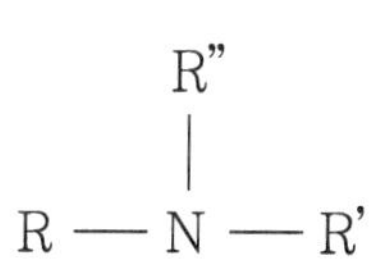

3차 아민
(tertiary amine)

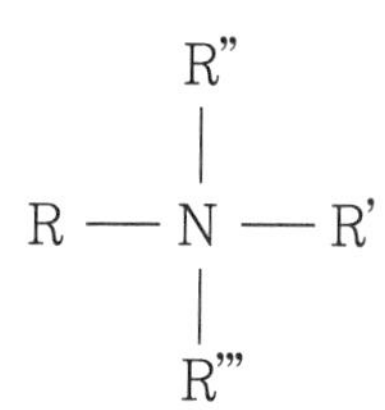

4차 암모늄이온
(quaternary ammonium ion)

또한 아닐린(aniline)이나 톨루엔(toluene)과 같은 관용명을 갖는 방향족 아민이 있다.

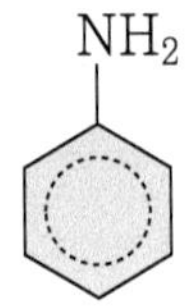

aniline

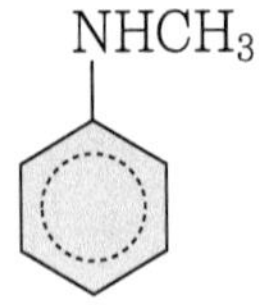

N-methyl aniline

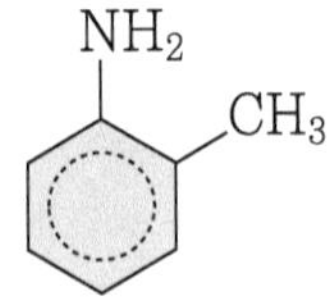

o-toluidine
(기타 m-, p-가 있음)

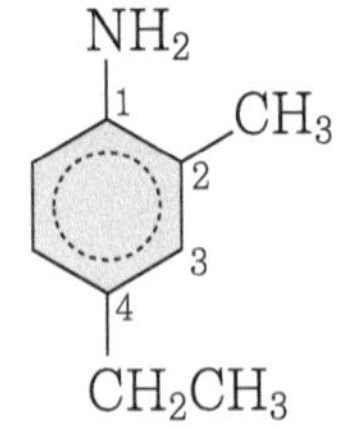

4-ethyl-o-toluidine

IUPAC 명명법에서는 NH_2기를 '아미노기(amino group)' 라고 하며, 탄소골격의 치환기로 취급된다. 또 지방족의 2차 아민, 3차 아민은 각각 N-알킬아미노기, N,N,-디알킬아미노기로 명명되며 모체의 치환기로 취급된다.

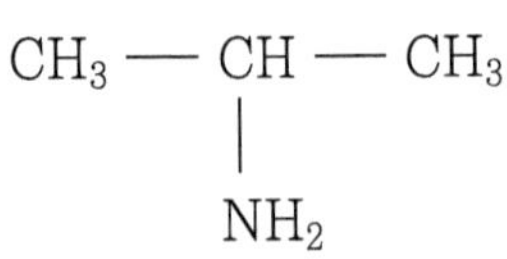

2-amino propane
(isopropylamine)

$CH_3CH_2NH — CH_2CH_2CH_2CH_2CH_3$

1-(N-ethyl)-amino pentane

기타 고리모양의 아민류가 많이 있으며 관용명으로 불리는 것이 있다. 피리미딘(pyrimidine) 또는 퓨린(purine)은 핵산을 구성하는 염기로서 생체 내에서 중요한 작용을 한다.

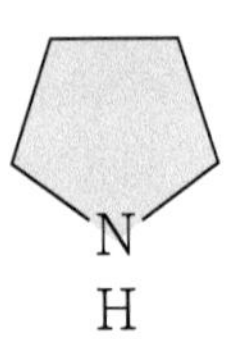

pyrrolidine

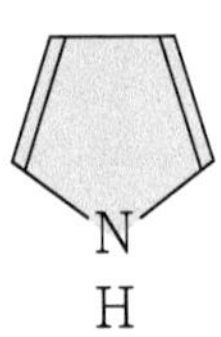

pyrrole

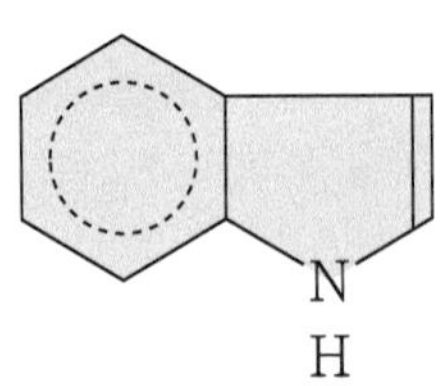

indole

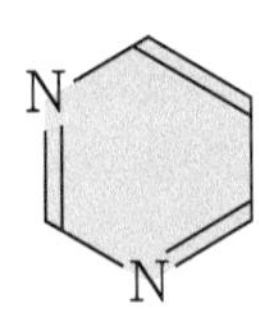

pyrimidine

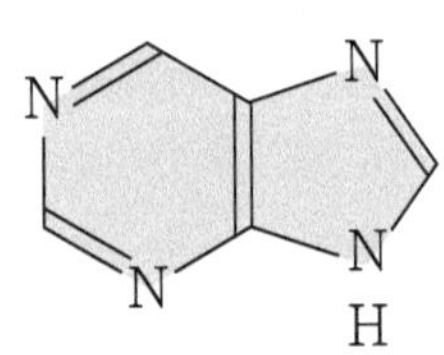

purine

(2) 아민의 성질

아민류는 질소원자와 결합하고 있는 수소가 다른 분자의 질소원자와의 사이에서도 수소결합을 하기 때문에 알코올류처럼 분자량이 비슷한 알케인류보다도 비점이 높다. 그러나 알코올의 비점과 비교하면 낮은 편이다. 아민은 물과 수소결합할 수 있으므로 물에 잘 용해되지만 아닐린과 같은 방향족 아민은 물에 용해되지 않는다.

〈아민의 물리적 성질〉

아민	구조식	비점	용해도(물 100g 중)
암모니아	NH_3	-33	가용
메틸아민	CH_3NH_2	-6	가용
디메틸아민	$(CH_3)_2NH$	7	가용
트리메틸아민	$(CH_3)_3N$	3.5	가용
에틸아민	$CH_3CH_2NH_2$	17	가용
디에틸아민	$(CH_3CH_2)_2NH$	56	가용
트리에틸아민	$(CH_3CH_2)_3N$	90	14g
n-프로필아민	$CH_3(CH_2)_2NH_2$	49	가용
n-부틸아민	$CH_3(CH_2)_3NH_2$	78	가용

Chapter 07

입체화학

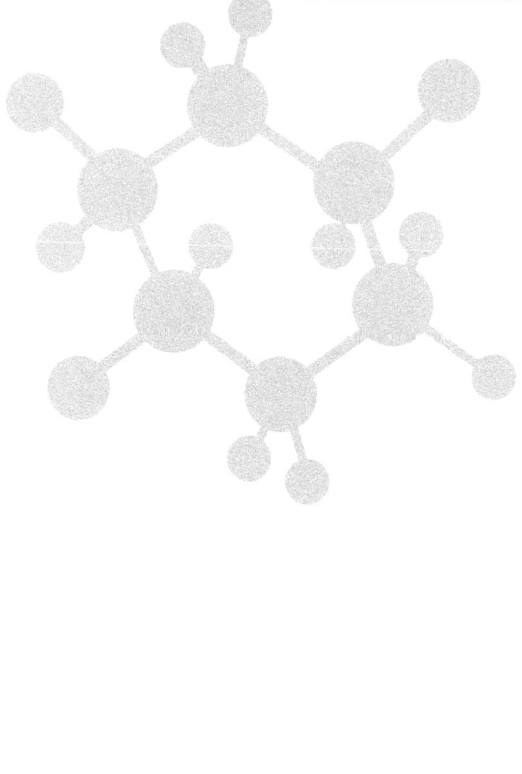

1. 입체화학이란?

입체화학은 분자의 3차원 구조를 다루는 화학의 한 분야이다. 분자식이 같지만 동일하지 않은 화합물을 이성질체(isomer)라고 한다. 즉 구조는 같지만 원자의 공간적 배열이 서로 다른 이성질체를 입체 이성질체(stereoisomer)라 한다. 이와 같이 원자와 분자의 공간적인 배열에 관한 연구를 입체화학(stereochemistry)이라고 한다.

2. 이성질체

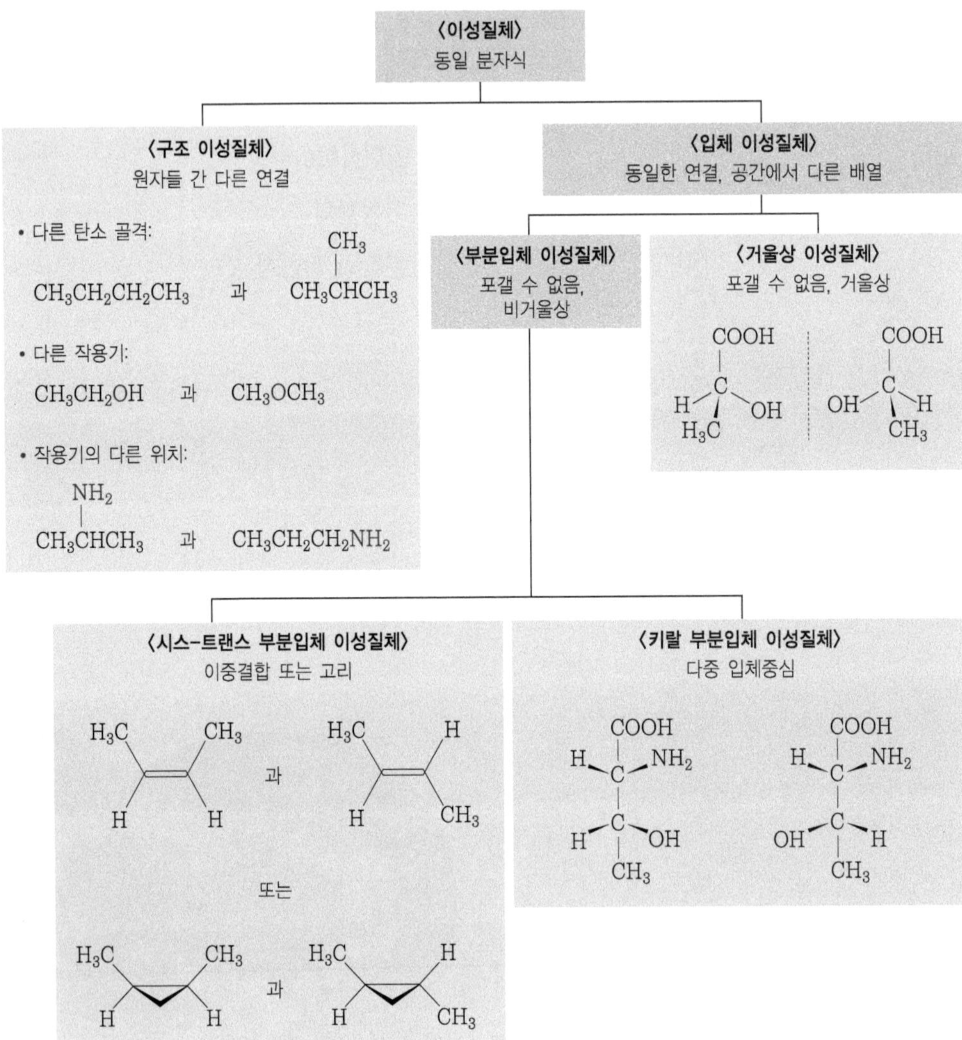

〈다른 종류의 이성질체에 대한 요약〉

이성질체(isomer)는 구조 이성질체(constitutional isomer)와 입체 이성질체(stereo isomer) 두 종류가 있다. 구조 이성질체는 원자들의 연결 방식이 다르다.

- **구조 이성질체:** 동일한 화학식을 갖고 있지만 원자들이 서로 결합되는 배열 순서가 다르다.

- **입체 이성질체:** 분자들은 원자가 동일한 순서로 결합되어 있지만 공간적으로 다른 방향에 위치해 있는 분자들을 말한다. 입체 이성질체는 거울상 이성질체와 부분입체 이성질체인 에피머(epimer)로 분류된다.

(1) 구조 이성질체

동일한 화학식을 가지고 있지만 원자들이 결합되는 배열순서가 다르다.

에틸 알코올(ethyl alcohol)과 다이메틸 에테르(dimethyl ether)는 같은 분자식 C_2H_6O를 갖지만 원자들이 서로 다르게 연결되었기 때문에 구조 이성질체이다. 에틸 알코올의 산소는 탄소와 수소에 결합되어 있는 반면, 다이메틸 에테르의 산소는 두 탄소에 연결되어 있다.

구조 이성질체의 예	CH_3CH_2OH	CH_3OCH_3
	ethyl alcohol	dimethyl ether

(2) 입체 이성질체

구조 이성질체의 원자들과 다르게 입체 이성질체는 같은 방식으로 연결되어 있지만, 공간에서 원자들이 배열된 방식이 다르다. 키랄탄소(chiral carbon)를 중심으로 거울상 이미지를 하고 있는 거울상 이성질체(enantiomer=mirror image)와 키랄탄소 1개만 배열이 다른 부분입체 이성질체(epimer=diastereomer) 두 종류가 있다.

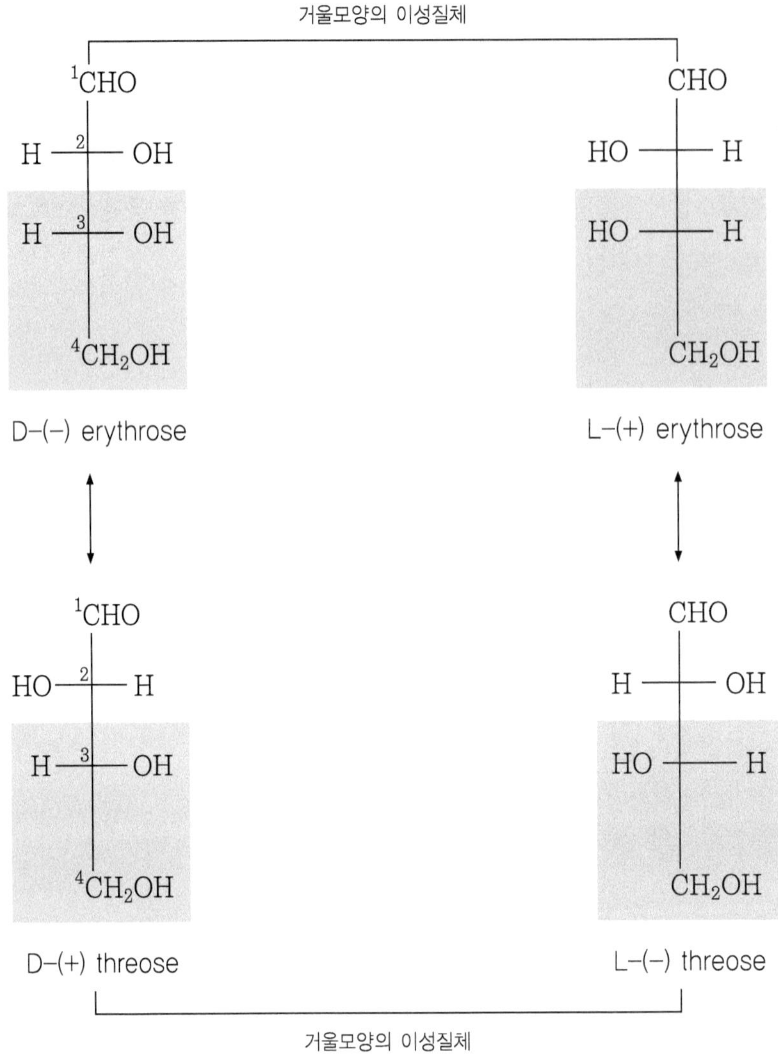

〈거울상 이성질체(enantiomer=mirror image)의 예〉

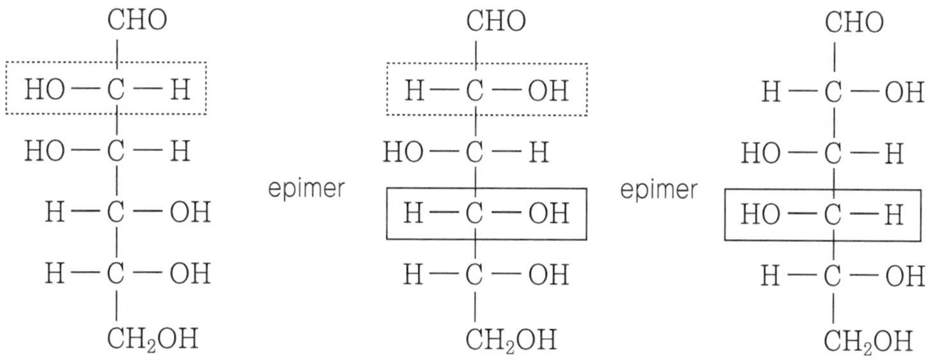

(D-Mannose) (D-Glucose) (D-galactose)

〈부분입체 이성질체(epimer = diastereomer)의 예〉

3. 분자의 키랄성

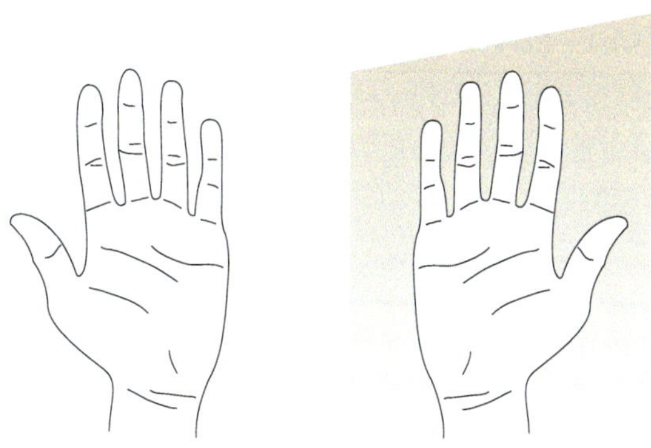

왼손 오른손

모든 물체는 거울 형태를 나타내지만, 모든 물체가 거울상 형태와 포개질 수는 없다. 우리들의 왼손과 오른손은 서로 거울상이지만 3차원의 한 점에서 서로 포갤 수는 없다. 즉 오른쪽 장갑에는 왼손이 안 들어가는데 그 이유는 손과 장갑은 오른쪽 형태와 왼쪽 형태를 별개로 갖기 때문이다. 이와 같이 오른쪽 형태와 왼쪽 형태를 별개로 갖는 물체를 키랄(chiral)이라고 한다. 키랄이라는 단어는 그리스어 cheir에서 유래했으며 그 의미는 손(hand)이다.

유기화학에서 키랄은 탄소원자가 네 개의 다른 탄소에 결합되어 있는 분자에서 나타난다.

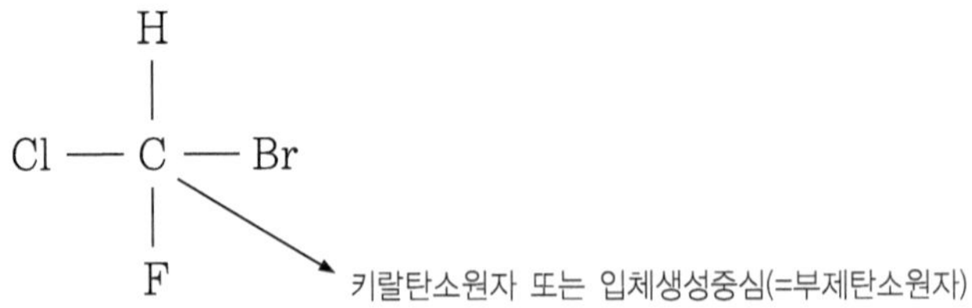

Bromochlorofluoromethane(BrClFCH)

〈키랄의 예〉

클로로다이플루오로메테인(ClF_2CH)과 3-브로모펜테인은 비키랄이다. 반면 2-브로모펜테인과 1-브로모-2-메틸뷰테인은 키랄성이다.

탄소 4개의 결합손에 서로 다른 4개의 원자 또는 원자단이 결합되어 있는 탄소를 입체생성중심 또는 키랄탄소원자(부제탄소원자)라 한다.

Chapter 08

탄수화물의 화학

1. 탄수화물의 개요
2. 탄수화물의 화학구조 특징 및 종류
3. 단당류
4. 올리고당류
5. 다당류

1. 탄수화물의 개요

관능기로 카르복실기(carboxyl group), 케톤기(ketone group), 알데하이드기(aldehyde group)를 함유한 다가알코올(polyalcohol)과 이들의 축합체 및 유도체를 총칭하여 탄수화물이라 부른다. 탄소(C)와 물(H_2O)원자로 구성된 화합물로 에너지원 영양소이며 식물계에 다량 함유되어 있으나 동물계는 함유량이 적다.

태양에너지에 의한 식물의 엽록소 내의 광합성 반응에 의해서 합성된다.

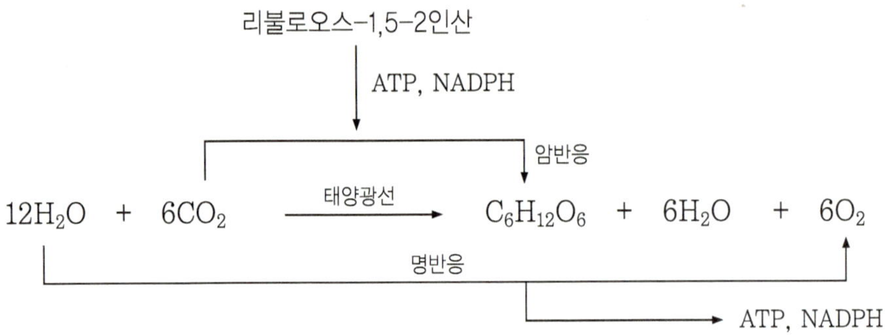

〈광합성 과정〉

알아두세요

광합성(Photosynthesis)

빛에너지에 의해서 녹색식물 내 명반응과 암반응을 통하여 유기화합물을 합성하는 과정이다. 명반응에 의해 식물 내의 물과 클로로필(엽록소)이 태양광선에 의해 에너지(ATP, NADPH)와 산소를 생성한다. 이 때 생성된 에너지가 이산화탄소와 5탄당인 리불로오스-1,5-2인산(RuBP)반응에 관여하여 포도당을 생성하는 과정을 암반응이라 부른다.

2. 탄수화물의 화학구조 특징 및 종류

탄수화물은 3개의 원자인 탄소(C), 수소(H), 산소(O)로 구성된 유기화합물로, 일반적으로 분자식은 $C_m(H_2O)_n$으로 표시된다[예외, 데옥시리보오스(deoxyribose); $C_5H_{10}O_4$]. 탄수화물의 한분자 내에 관능기인 수산기(hydroxyl group, OH)와 카보닐기(carbonyl group)를 가지며, 특히 카보닐화합물 중 알데하이드기(-CHO) 또는 케톤기(-C=O)를 1개 이상 함유하고 있다.

탄수화물의 종류에는 단당류, 올리고당류, 다당류, 유도당류가 있다. 단당류는 분자 내 포함된 탄소수에 따라 삼탄당, 사탄당, 오탄당, 육탄당, 칠탄당으로 나뉜다. 올리고당류는 구성하고 있는 단당류의 수에 따라 이당류(disaccharides), 삼당류(trisaccharides), 사당류(tetrasaccharides)로 나뉜다. 다당류는 단순다당류와 복합다당류로 나뉘는데, 단순다당류(homopolysaccharide)는 같은 종류의 단당류의 축합체이며, 복합다당류(heteropolysaccharide)는 다른 종류의 단당류의 축합체이다. 유도당류는 단당의 화학구조 일부가 변화된 당으로, 당알코올, 데옥시당, 아미노당, 우론산, 알돈산 등이 포함된다.

〈탄수화물의 분류 및 종류〉

단당류(monosaccharide)		
3탄당(triose)	알도오스 (aldose)	글리세르알데하이드(D-glyceraldehyde)
	케토오스 (ketose)	디히드록시아세톤(dihydroxyacetone)
4탄당(tetrose)	알도오스 (aldose)	트레오스(threose), 에리트로오스(erythrose)
5탄당(pentose)	알도오스 (aldose)	아라비노오스(arabinose), 자일로스(xylose), 리보오스(ribose)
6탄당(hexose)	알도오스 (aldose)	포도당(glucose, glc), 갈락토오스(galactose, gal), 만노오스(mannose, man)
	케토오스 (ketose)	과당(fructose, fru)
7탄당(heptose)	케토오스 (ketose)	세도헵툴로오스(sedoheptulose)

올리고당류(oligosaccharides)	
이당류(disaccharides)	설탕(sucrose): glucose(α1→β2)fructose 맥아당(maltose): glucose(α1→4)glucose 유당(latose): galactose(β1→4)glucose 트레할로오스(trehalose): glucose(α1→α1)glucose
삼당류(trisaccharides)	라피노오스(raffinose): gal(α1→6)glc(α1→β2)fru
사당류(tetrasaccharides)	스타키오스(stachyose): gal(α1→6)gal(α1→6)glc(α1→β2)fru
다당류(polysaccharides)	
단순다당류 (homopolysaccharide)	전분(starch): $(\alpha-glc)_n$ (amylose:$[glc(\alpha1\rightarrow4)glc]_{25}$ + amylopectin:[glc(α1→6)glc]) 글리코겐(glycogen): $(\alpha-glc)_n$ ($[glc(\alpha1\rightarrow4)glc]_{8\sim12}$ + $[glc(\alpha1\rightarrow6)glc]_n$) 섬유소(cellulose): $[glc(\beta1\rightarrow4)glc]_n$
복합다당류 (heteropolysaccharide)	글루코만난(glucomannan):$[man(\beta1\rightarrow\beta4)glc]_n$ 이눌린(inulin): $[fru(\beta2\rightarrow\beta1)fru]_n$ + α-glc

3. 단당류

(1) 단당류의 개요

탄수화물 중에서 더 이상 가수분해되지 않는 화합물을 단당류(monosaccharide)라고 한다. 단당류는 하나의 탄소사슬 골격에 여러 개의 수산기(OH)와 카보닐기인 알데하이드기(-CHO) 또는 케톤기(C=O)를 한 개 가지고 있는 화합물이다. 탄소사슬 골격에 결합된 탄소수에 따라 3개의 탄소원자를 갖는 것을 3탄당(triose)이라 하며, 4개를 4탄당(tetrose), 5개를 5탄당(pentose), 6개를 6탄당(hexose), 7개를 갖는 것을 7탄당(heptose)이라고 한다.

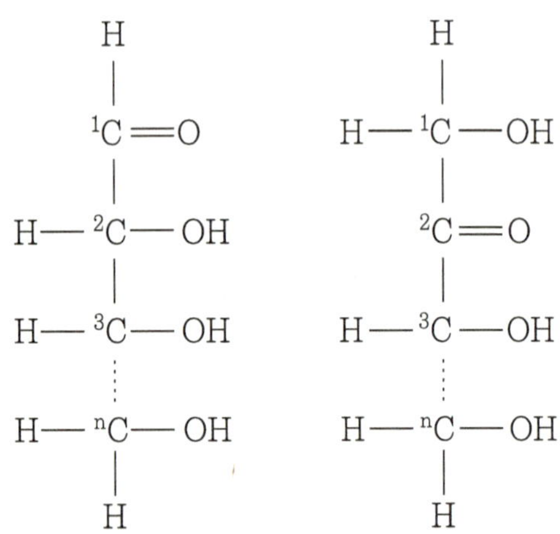

〈알도오스와 케토오스의 기본 구조〉

대부분의 자연계에는 펜토오스(pentose), 헥소오스(hexose)가 존재하고 있다. 또한 단당류 분자 내 알데하이드기를 가지고 있으면 알도오스(aldose), 케톤기를 가지고 있으면 케토오스(ketose)라고 한다.

〈자연계에 다량 분포하고 있는 단당류의 특성〉

단당류 종류		구성 물질 및 특성
5탄당	리보오스 (ribose)	- 리보핵산(RNA), 뉴클레오티드(NAD, ATP, FAD 등), 비타민 B_2, 비타민 B_{12}의 구성 성분 - 자연계 D형만 존재
	아라비노스 (arabinose)	- 아리비아고무, 점질물, 헤미셀룰로오스의 구성 성분
	자일로스 (xylose)	- 식물세포벽(hemicellulose)의 구성 성분 - 죽순, 활엽수, 옥수수이삭축, 짚, 쌀겨에 함유(자일란) - 설탕에 대한 상대적 감미도는 40 - 소화의 흡수성이 낮아 저감미료로 이용
6탄당	과당 (fructose)	- 과일, 벌꿀, 이눌린의 구성 성분 - 단당류 중 가장 강한 감미도를 가짐 (설탕에 대한 상대적 감미도는 150)
	포도당 (glucose)	- 이당류, 전분, 글리코겐, 셀룰로오스의 구성 성분 - 과즙, 혈액, 뇌척수액에 유리형태로 존재 - 생물체의 에너지원 - 자연계 D형만 존재 - 설탕에 대한 상대적 감미도는 70
	갈락토오스 (galactose)	- 자연계에 대부분 중합체로 존재 - 유당, 한천(갈락탄), 당지질의 구성 성분 - 자연계 D, L형 존재 - 설탕에 대한 상대적 감미도는 30
	만노오스 (mannose)	- 곤약만난(겔 형성 물질)의 구성 성분 - 딸기류, 채소에 소량 유리형태로 존재 - 체내에서 대사되지 않음

(2) 부제탄소 및 입체 이성질체

탄수화물에는 탄소원자의 4개 팔에 각각 다른 원자 또는 원자단이 결합된 부제탄소가 존재하여, 분자 구조식은 같으나 공간적 배열만이 다른 입체 이성질체(stereoisomer)가 존재한다. 가장 작은 분자인 글리세르알데하이드(glyceraldehyde)는 2종의 입체 이성질체가 있다. 글리세르알데하이드의 두번째 탄소원자의 4개 팔에는 모두 다른 원자 또는 원자단을 가지고 있는 부제탄소이다. 부제탄소원자를 중심으로 대칭형의 양쪽 화합물인 D형-, L형-이 존재한다. 즉 두 화합물의 구조가 거울에 비친 것 같은 모양의 배열(configuration)을 하고 있는 것을 거울상 이성질체(enantiomer)라고 한다.

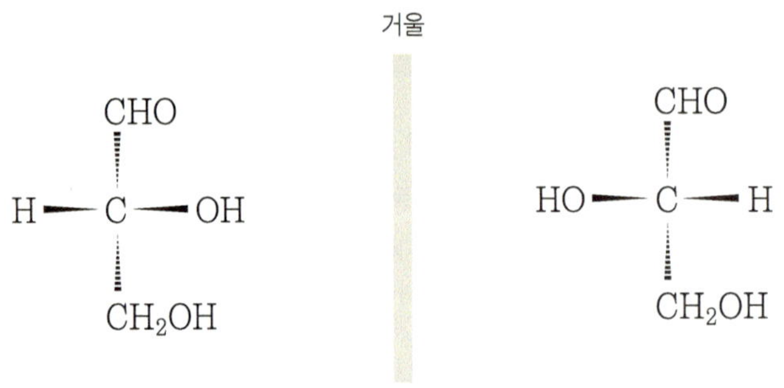

D형 글리세르알데하이드　　　　L형 글리세르알데하이드

〈글리세르알데하이드의 입체 이성질체〉

거울상 이성질체는 3차원 구조에서 서로 포개질 수는 없지만, 분자량, 비점, 융점, 구조식 등의 화학적, 물리적 성질 같아 구별되지 않는다. 그러나 어느 특정한 성질을 갖는 빛, 즉 편광(plane polarized light)을 이러한 화합물에 비추어 볼 때 평면 편광이 좌, 우로 다르게 회전된다. 그러므로 어떠한 물질이 평면 편광을 우회전시키면 다른 쪽 거울상 이성질체는 같은 각도만큼 좌회전(반대 방향)하는 성질이 있으므로 이성질체 화합물의 구별이 가능하다. 이성질체 분자가 편광면을 우측(시계 방향)으로 회전시키면 우회전성(dextro rotatory)이라고 하며 (+)로 표시하고, 좌측으로 회전시키면 좌회전성(levo rotatory)이라 하며 (-)로 표시한다. 거울상 이성질체는 1급 알코올(CH_2OH)을 기준으로 첫 번째 부제탄소의 원자단에 결합된 수산기(OH)의 위치에 따라 오른쪽에 위치하면 D-를, 왼쪽에 위치하면 L-의 기호를 붙여 구별한다.

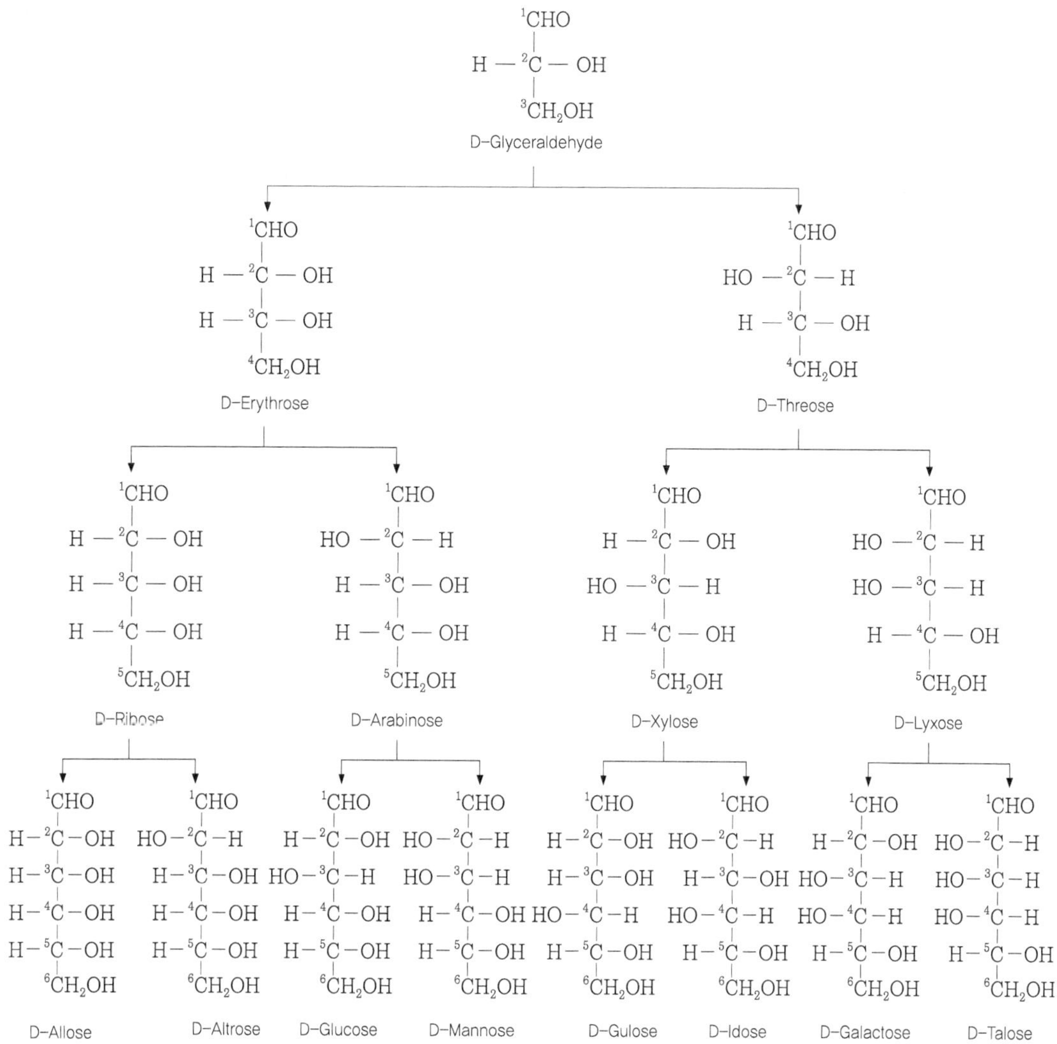

〈D-알도오스 계열의 피셔 투영식〉

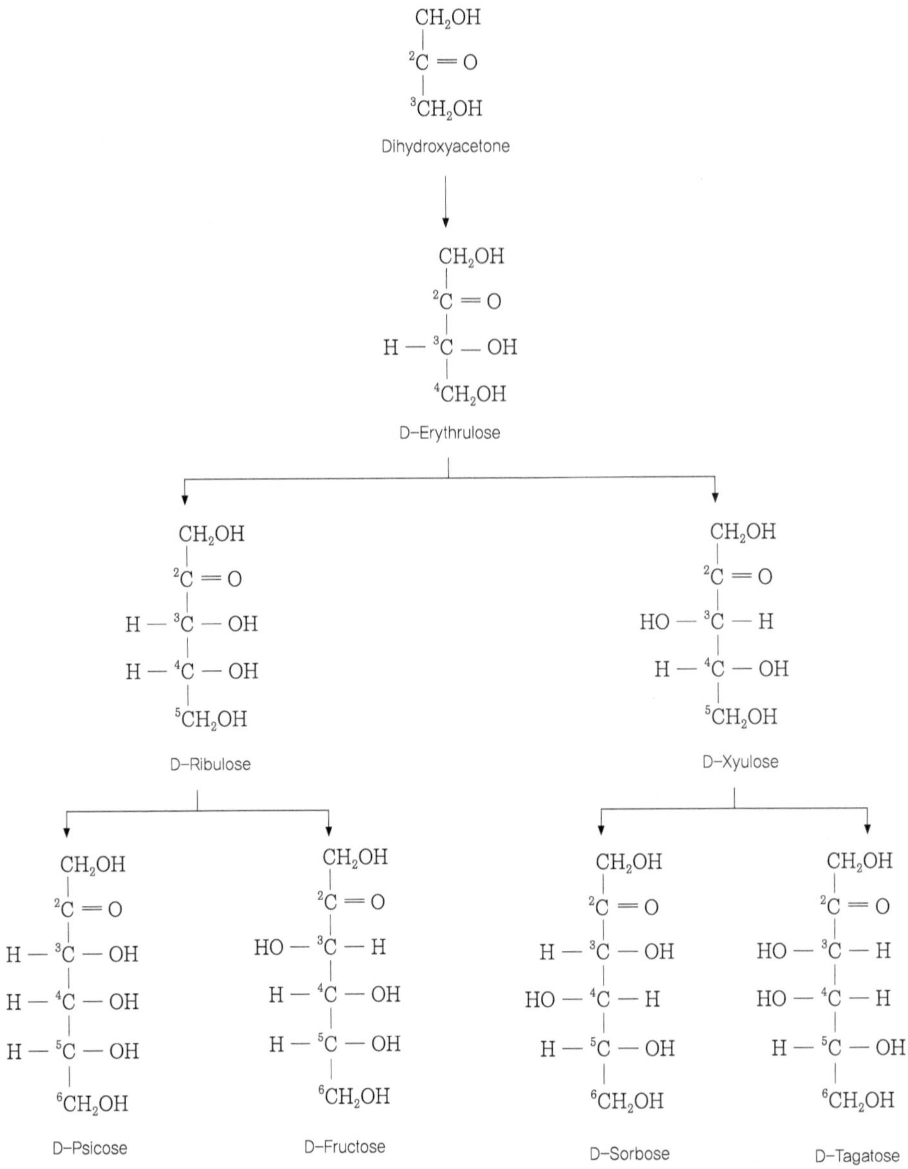

〈D-케토오스 계열의 피셔 투영식〉

단당류는 부제탄소에 의해 이성질체가 존재하게 된다. 즉 n개의 부제탄소 갖는 화합물의 이성질체 수는 2^n으로 계산된다. 육탄당인 포도당(glucose)의 탄소 중 C^2, C^3, C^4, C^5는 부제탄소로 4개의 부제탄소가 포함되어 있어, 포도당의 이성질체는 16종류가 존재한다.

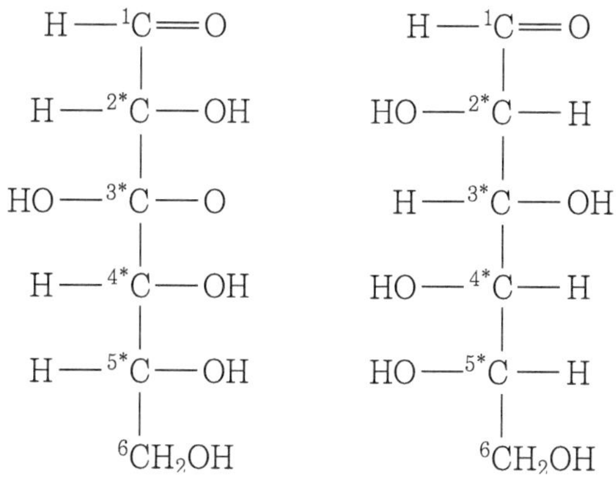

〈D-포도당(좌)과 L-포도당(우), *: 부제탄소〉

또한 D계열 알도헥소오스인 포도당, 만노오스, 갈락토오스는 직쇄상 구조에 의해 서로 구별할 수 있다. 직쇄상 구조에서 D-포도당을 기준으로 D-만노오스의 두 번째 탄소와 D-갈락토오스의 네 번째 탄소의 입체배치만 서로 달라 구별된다. D-포도당과 D-만노오스 또는 D-포도당과 D-갈락토오스의 상호 간의 관계를 에피머라 부른다. 즉 부제탄소 원자들 중 단 1개의 부제탄소 원자단의 입체배치가 반전되어있는 광학이성질체를 에피머(epimer)라 한다.

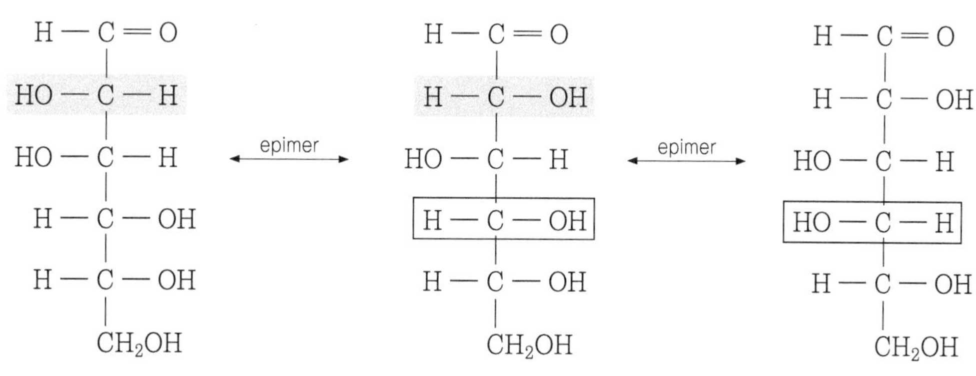

D-mannose D-glucose D-galactose

〈알도헥소오스의 이성질체(에피머)〉

(3) 헤미아세탈 결합에 의한 환식구조

단당류는 직쇄상 구조식(피셔 투영식)으로 표시하나, 실제로 단당류의 X선 조사시 대부분 오탄당과 육탄당은 고리모양구조인 환식구조를 갖는다. 이러한 환식구조는 단당 분자 내 알데하이드(또는 케톤)와 알코올(R′-OH)이 에테르 결합하여 헤미아세탈(또는 헤미케탈)을 형성으로 이루어진다.

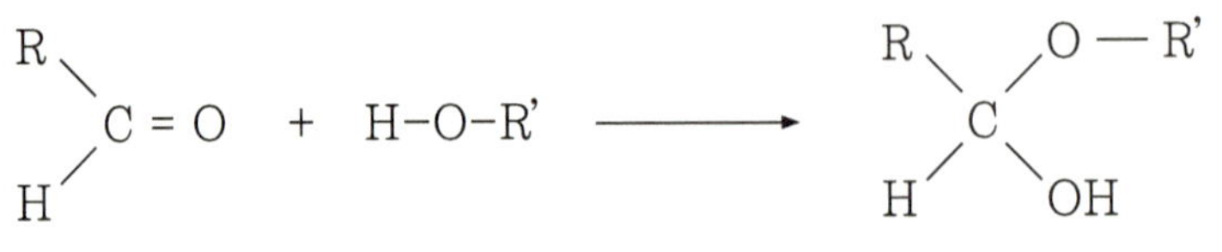

aldehyde　　　alcohol　　　hemiacetal

〈헤미아세탈 구조〉

알도오스계열 포도당의 첫 번째 탄소(C^1)의 알데하이드와 다섯 번째 탄소(C^5)의 수산기가 헤미아세탈 구조를 형성하여 6각형의 환식구조 갖게 되어 글루코피라노스(glucopyranose)라고 한다. 케토오스계열 과당의 경우 두 번째 탄소(C^2)의 케톤기와 다섯 번째 탄소(C^5)의 수산기가 헤미케탈 구조를 형성하여 5각형의 환식구조 갖게 되어 프럭토퓨라노오스(fructofuranose)라고 한다. 이렇게 단당의 직쇄상 구조가 환식구조로 바뀌면서 C^1은 새로운 부제탄소가 된다. 이러한 C^1을 아노머탄소(anomeric carbon)라 한다. 환식구조를 형성하는 과정에서 포도당의 C^5의 수산기가 C^1의 a방향 또는 b방향으로 카보닐기를 공격함에 따라 α형 및 β형을 형성한다. 즉 아노머탄소(C^1)의 입체 배치가 다른 1쌍의 입체이성체인 α형, β형을 형성하고, 이를 아노머(anomer)라 한다. 환면에서 아노머탄소와 결합된 수산기(OH)가 아래쪽에 위치하면 α-포도당(α-glucose), 위쪽에 수산기(OH)가 위치하면 β-포도당(β-glucose)라 부른다. 단당류의 환식구조(하워스 투영법)에는 6각형(pyranose)와 5각형(furanose)이 있다.

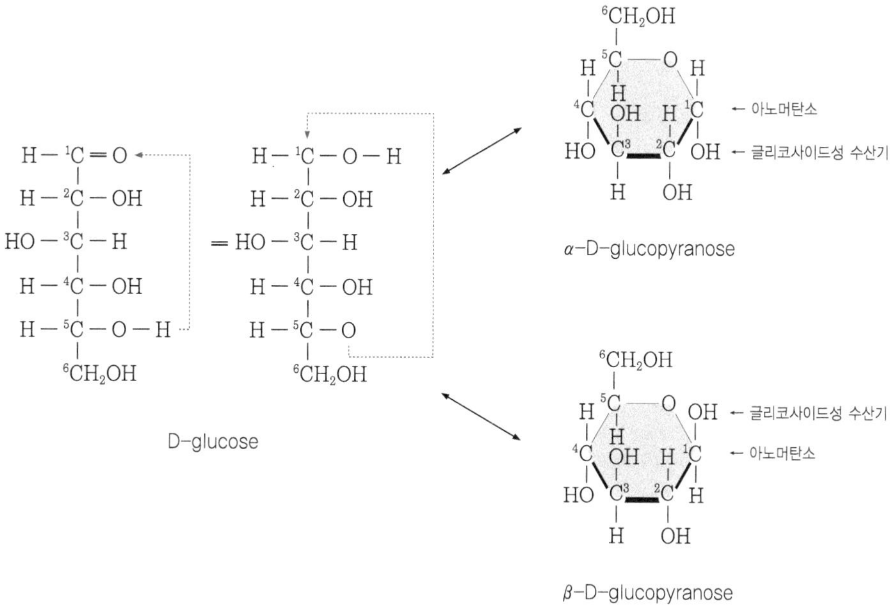

〈포도당의 직쇄상 구조 및 환식 구조〉

알아두세요

과당 수용액(Fructose solution)

수용액(20℃) 중에 과당은 평형혼합물(equilibrium mixture)로서 70% 프럭토피라노오스(fructopyranose), 약 22% 프럭토퓨라노오스(fructofuranose) 형태로 이성질체가 존재한다. 이는 결정형의 과당이 수용액에 녹으면서 직쇄상 구조로 풀렸다 다시 환식구조를 형성하는 과정에서 구조가 변형되는 것이다. 또한 과당의 결합형태는 프럭토퓨라노오스 구조를 형성한다.

Isomeric form of Fructose

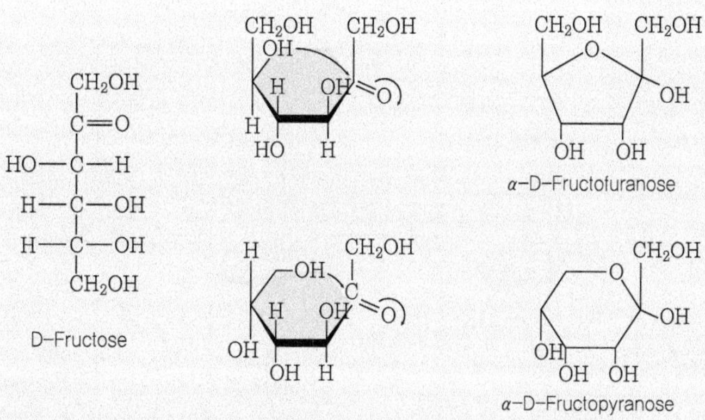

(4) 단당류의 환원성

단당류를 환원당(reducing sugar)라고도 부르는데, 이는 아노머탄소에 결합되어 있는 수산기(OH)의 반응성이 높아 다른 물질을 쉽게 환원시키기 때문이다. 즉 아노머탄소에 결합된 수산기는 환원성이 강하여 글리코사이드 결합(glycosidic bond)에 쉽게 이용되며, 이러한 아노머탄소의 수산기를 글리코사이드성 수산기(glycoside hydroxyl group)라고 부른다. 글리코사이드 결합은 탄수화물에 존재하는 아노머탄소와 다른 물질(탄수화물 또는 비탄수화물)의 작용기가 결합되어 형성된다.

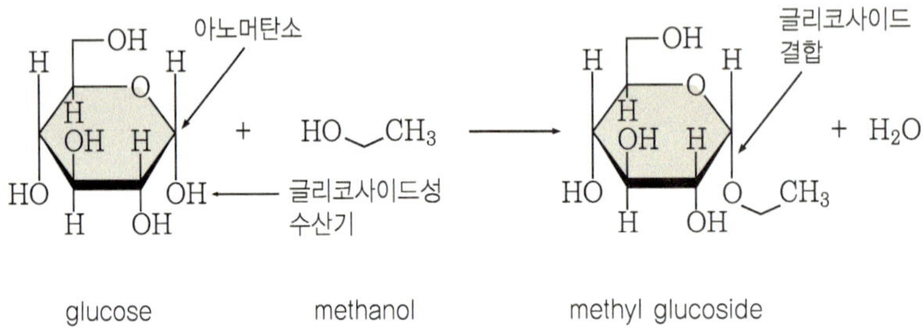

〈글리코사이드 결합〉

탄수화물의 분자 내 글리코사이드성 수산기의 존재여부에 따라 환원당과 비환원당으로 분류된다. 단당류와 설탕을 제외한 이당류는 환원당이며, 다당류와 설탕은 비환원당이다.

시약반응을 통해 환원당과 비환원당을 구별할 수 있다. 펠링 시약이나 베네딕트 시약은 당의 알데하이드(알도오스 계열)를 산화시켜 카르복실기(-COOH)를 형성하고, 시약은 환원되어 1가 산화구리(Cu_2O)가 석출된다. 이러한 시약반응을 통해 적색 침전물을 형성하는 당을 환원당이라 하며, 당함량과 침전물의 함량은 비례적이다.

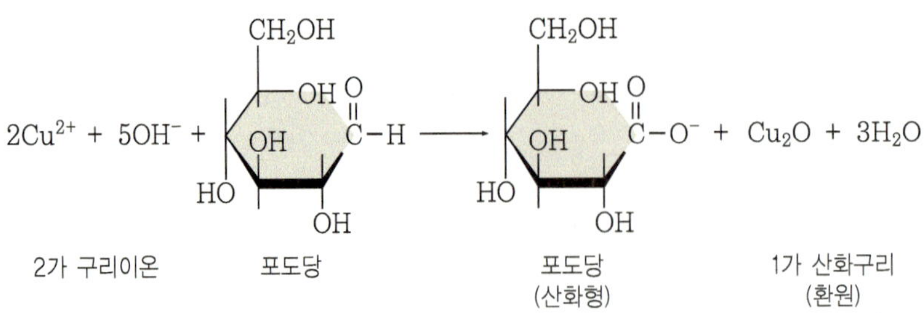

〈포도당의 베네딕트 시약 반응〉

알아두세요

베네딕트 시약(Benedict's reagent)

탄수화물 수용액(A)에 3mL 베네딕트 시약을 첨가하여 가열한 후 실온 방치하였을 때 나타나는 색의 변화를 통해 환원당 여부를 판정할 수 있다. 용액이 빨간색(또는 녹색, 노란색)으로 변하면 수용액(A)에는 환원당이 존재함을 알 수 있다. 만약 베네딕트 시약 색(푸른색)이 나타나면 수용액(A)에는 비환원당이 존재하고 있는 것이다.

4. 올리고당류

(1) 올리고당류의 개요

단당류 2~10개가 탈수 축합하여 에테르결합한 탄수화물을 올리고당류(oligosaccharide)라고 한다. 올리고당류에는 단당류가 2개 결합한 이당류(disaccharide), 3개 결합한 삼당류(trisaccharide), 4개 결합한 사당류(tetrasaccharide) 등이 있다. 대개 자연계에는 이당류인 설텅, 맥아당, 유당이 많이 존재하고 있다.

(2) 올리고당류의 종류

1) 설탕(sucrose, saccharose)

이당류는 두 개의 단당류가 서로 글리코사이드 결합으로 형성된다. 이당류인 설탕(자당, 서당, 수크로오스)은 α-D-포도당의 C^1와 β-D-과당의 C^2의 수산기가 글리코사이드 결합으로 형성된다($\alpha1 \rightarrow \beta2$결합). 설탕의 분자 내에는 작용기인 글리코사이드성 수산기가 존재하지 않으므로, 설탕은 비환원당이다. 설탕은 약산(HCl)이나 효소(인버타아제, 수크라아제)에 의해 동량의 D-포도당과 D-과당의 혼합물로 가수분해 된다(전화, invert). 동량의 D-포도당과 D-과당의 혼합물을 전화당(invert sugar)이라 하며, 전화과정에서 전화당은 환원당으로 변하여 용해도가 증가한다. 또한 전화당의 감미도는 130으로 설탕보다 단맛이 강하다.

$$\text{Sucrose} \xrightarrow{\text{invertase}} \text{Glucose} + \text{Fructose}$$

〈전화당이란?〉

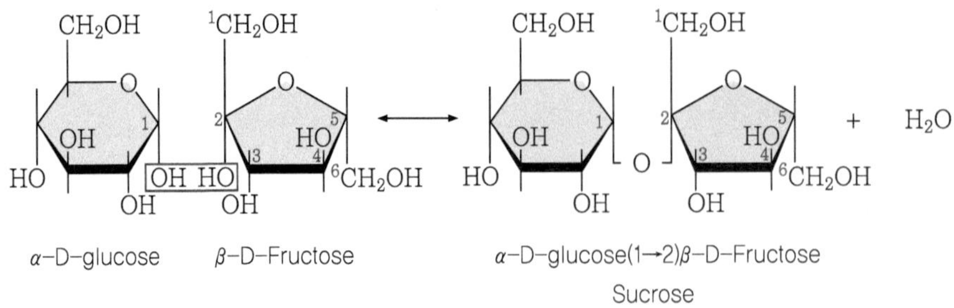

〈수크로오스의 구조〉

2) 유당(lactose, milk sugar)

유당(젖당, 락토오스)은 우유(2~5%)와 모유(5~7%)에 존재하는 이당류이다. 유당은 β-D-갈락토오스의 C^1와 D-포도당의 C^4의 수산기가 글리코사이드 결합(β1→4결합)하고 있는 환원당이다. 유당은 α-유당, β-유당이 존재하며, 우유 및 모유에는 α-유당 : β-유당 = 2 : 3의 비율로 함유되어 있다. 이러한 2종류의 유당의 형태는 D-포도당에 따라 α-포도당(α-glucose)의 경우 α-유당(α-lactose)가 되고, β-포도당(β-glucose)의 경우 β-유당(β-lactose)가 된다.

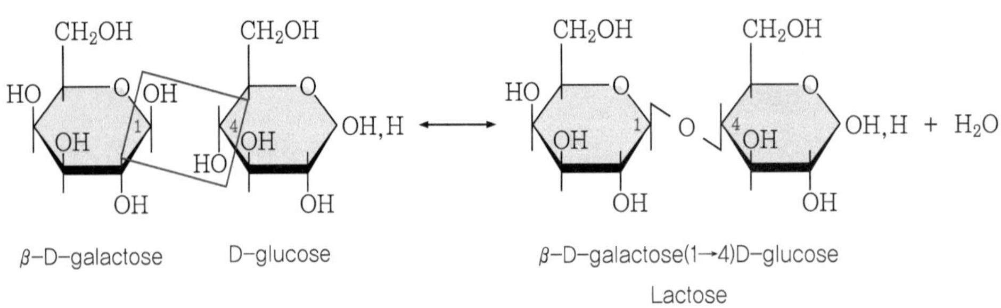

〈유당의 구조〉

3) 맥아당(maltose, malt sugar)

맥아당은 전분, 글리코겐의 구성단위로, 곡류(보리, 밀 등) 발아 시 효소에 의한 전분의 가수분해로 생긴다. 식품 중 엿기름, 엿, 물엿 등에 함유량이 많고 벌꿀, 종실, 간장 등에 소량 함유하고 있다. 맥아당은 한 분자의 α-D-포도당의 C^1과 α-포도당 또는 β-포도당의 C^4의 수산기가 결합하여 α-맥아당(α-maltose) 또는 β-맥아당(β-maltose)를 형성(α-1,4

결합)한다. α-1,4 결합 또한 맥아당의 이성질체인 이소말토오스(isomaltose)는 두 분자의 포도당이 α1→6 결합하고 있다. 맥아당의 감미도는 설탕의 60이다.

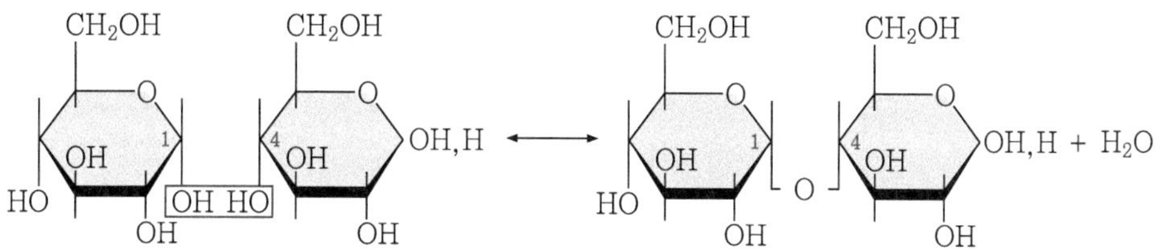

α-D-glucose　　D-glucose　　α-D-glucose(1→4)D-glucose Maltose

〈맥아당의 구조〉

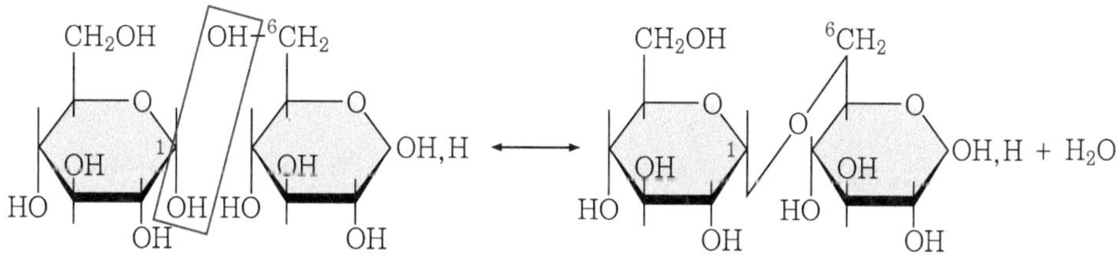

α-D-glucose　　D-glucose　　α-D-glucose(1→6)D-glucose Isomaltose

〈이소말토오스의 구조〉

5. 다당류

(1) 다당류의 개요

100~1,000개의 단당류 분자들이 글리코사이드 결합하여 분자량이 큰 탄수화물을 다당류(polysaccharide)라고 한다. 다당류에는 구성 단당류가 한 가지 종류로 이루어진 단순다당류(homopolysaccharide, 동질다당)와 두 종류 이상의 단당류들로 이루어진 복합다당류(heteropolysaccharide, 이질다당)가 있다. 동물과 식물에서 다당류는 형태를 구성하는 물질(키틴, 헤미셀룰로오스, 셀룰로오스 등), 에너지를 저장하는 물질(글리코겐, 전분 등)과 폐기물(곰팡이, 세균에 의해 생성된 점질물 등)로서 존재하고 있다.

(2) 단순다당류의 종류

1) 전분(starch)

광합성에 의해 식물체 내에서 수백~수천 개의 포도당이 중합하여 전분(녹말)을 생성되고 식물의 저장물질로서 곡류(밀, 보리, 쌀, 메밀, 옥수수 등), 서류(고구마, 감자 등)에 함유량이 높다. 이러한 식품을 섭취하면 체내에서는 전분을 가수분해하여 활동 에너지로 이용하거나, 글리코겐(glycogen)의 형태로 간과 근육에 저장하여 생체에너지로 사용한다. 전분은 포도당의 결합형식에 따라 2종류인 아밀로오스(amylose)와 아밀로펙틴(amylopectin)으로 구성된다. 식품의 종류에 따라 아밀로오스와 아밀로펙틴의 구성비는 다르나, 평균 아밀로오스는 20~30%, 아밀로펙틴은 70~80% 비율로 전분을 구성한다.

〈식물 중 전분의 함유량〉

식품	아밀로오스(%)	아밀로펙틴(%)	식품	아밀로오스(%)	아밀로펙틴(%)
멥쌀	17~19	81~83	밀	25	75
찹쌀	0	100	감자	23	77
옥수수	26	74	고구마	20	80
찰옥수수	0~6	94~100	타피오카	18	82

① 아밀로오스(amylose)

아밀로오스는 α-D-포도당의 α-1,4결합으로 직쇄상으로 연결되어 있다. 긴 포도당사슬은 포도당 6분자마다 1회전 하여 직쇄상 사슬은 나선구조를 형성하여, 마치 용수철과 같은 모양을 하고 있다. 전분과 다른 물질(지방산, 요오드, 방향족 화합물 등)을 혼합할 때, 나선의 안쪽은 소수성을 띠고 있어 다른 물질을 포접하여 포접화합물을 만든다. 아밀로오스는 평균 300~3,000개 포도당으로 구성되어있고, 분자량은 40,000~340,000 이상이다.

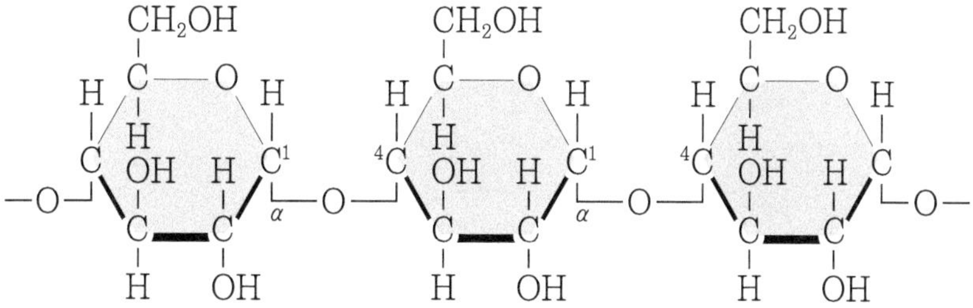

〈아밀로오스의 구조〉

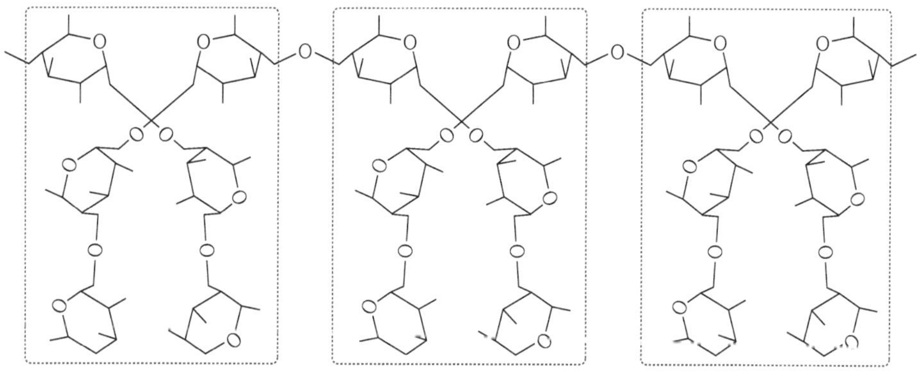

〈아밀로오스의 나선구조〉

② 아밀로펙틴(amylopectin)

아밀로펙틴은 포도당의 α-1,4결합한 직쇄상 사슬(아밀로오스)의 여러 곳에서 포도당이 α-1,6결합으로 가지를 형성하여 전체적으로 그물모양을 가지고 있다. 가지모양의 분자구조에서 하나의 가지 사슬은 17~27개의 포도당으로 구성되어 있다. 아밀로펙틴은 나선구조를 가지고 있지 않아 다른 물질을 포접할 수 없어 겔을 형성하지 못한다. 아밀로펙틴의 한 가지당 당사슬의 길이는 전분 종류마다 다르나, 아밀로펙틴의 분자량은 아밀로오스보다 크며, 평균 10만~100만 정도 이다.

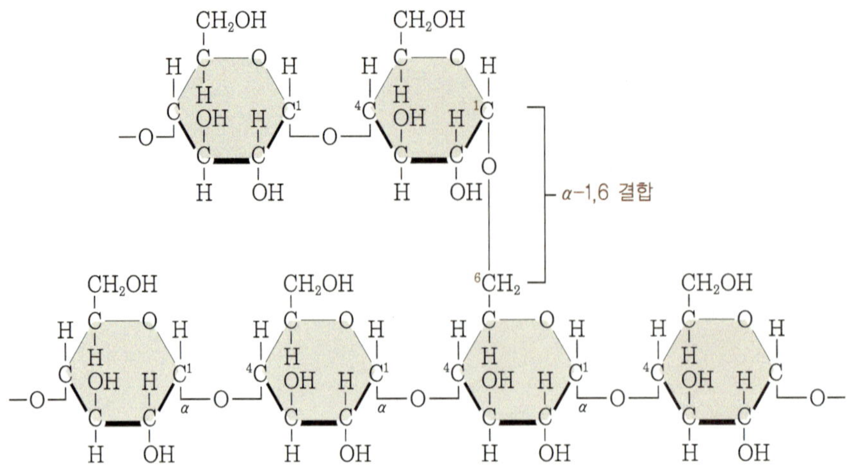

〈아밀로펙틴의 구조〉

2) 글리코겐(glycogen)

글리코겐은 동물성 전분이라 불리며, 체내의 활동 에너지 및 저장에너지의 역할을 하며, 조개류, 간, 근육, 효모 및 균류 등에 함유되어 있다. 글리코겐은 아밀로펙틴과 유사한 구조(α-1,4결합과 α-1,6결합)로 가지고 있는 α-D-포도당의 중합체이다. 아밀로펙틴에 비해 많은 가지를 가지고 있는 글리코겐은 하나의 가지 사슬마다 8~16개의 포도당으로 구성되어 있어, 구형 분자를 이루고 있다.

3) 식이섬유소(cellulose)

자연계에 가장 많이 존재하는 단순다당류로서 목재나 솜의 섬유, 채소의 섬유질 등을 구성하는 물질이다. 셀룰로오스의 구조는 β-D-포도당의 C^1과 C^4사이에서 β-1,4결합을 하고 있는 중합체로 직쇄상의 구조이다.

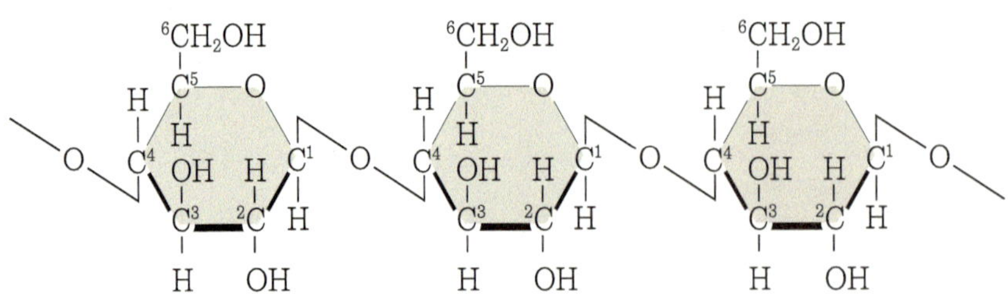

〈셀룰로오스〉

(3) 전분의 가수분해

전분은 산 또는 효소에 의해 가수분해 되어 포도당, 맥아당, 덱스트린, 올리고당 등을 생성한다. 전분을 가수분해하는 효소에는 α-아밀라아제, β-아밀라아제, 글루코아밀라아제(glucoamylase, γ-amylase) 등이 있다. α-아밀라아제는 포도당의 α-1,4 결합을 무작위로 가수분해하여 포도당, 말토오스, α-한계텍스트린(β-1,6결합이 포함된 분자) 등으로 전분을 저분자화한다. β-아밀라아제는 α-1,4결합의 비환원성 말단에서 규칙적으로 맥아당 단위로 가수분해하여 맥아당과 β-한계 덱스트린을 생성한다.

글루코아밀라아제는 검은 곰팡이, 누룩 곰팡이 등의 배양액에서 얻을 수 있으며, α-1,4 결합과 α-1,6 결합을 가수분해하여 포도당을 생성한다. 체내에서 β-1,4 결합을 이루고 있는 셀룰로오스는 부분 가수분해에 의하여 2분자의 β-포도당이 결합한 셀로비오스를 생성한다. 그러나 체내에 셀룰로오스를 분해하는 효소를 가지고 있지 않아 음식물로 섭취하면 소화 흡수되지 못하지만 정장효과가 있어 식이섬유(dietary fiber)로 작용한다.

(4) 복합다당류의 종류

1) 글루코만난(glucomannan)

만난은 D-만노오스를 구성하는 다당의 총칭이다. 구약나무의 뿌리에 있는 탄수화물은 물을 흡수하여 팽창하면 끈끈한 콜로이드 상태의 액체로 변하는 성질을 가지고 있다. 곤약은 곤약 뿌리 가루에 석회(CaO)나 기타 알칼리를 넣고 가열하면 겔화(gelatination)하며, 만노오스와 포도당으로 구성된 글루코만난이 다량 함유되어 있다.

만난종류에는 만노오스와 갈락토오스가 3:1~4:1의 구성비로 이루어진 갈락토만난(galactomannan)이 있으며, 콩과 식물에서도 발견된다. 또한 만노오스와 포도당이 결합한 글루코만난(glucomannan)도 있다. 글루코만난은 곤약이라 불리며, 체내에서 소화 흡수되지 못하나, 장내 세균에 의해서는 분해된다. 주로 구약나무에 들어 있으며, 그 외에도 나팔꽃, 아이리스 등에도 들어 있다.

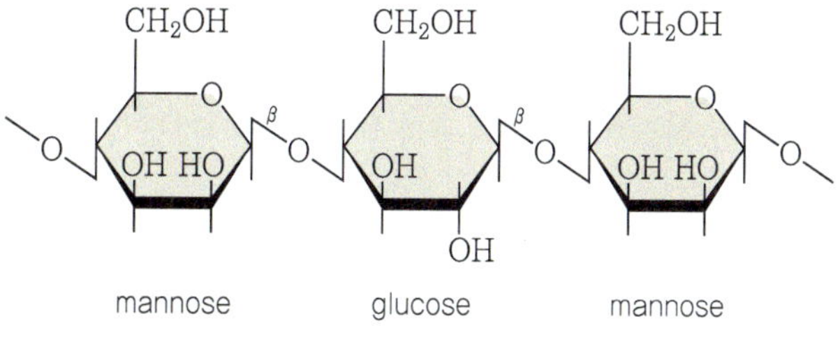

〈글루코만난의 구조〉

2) 한천(agar)

홍조류인 우뭇가사리 등의 해조를 뜨거운 물로 추출하고 냉각하면 응고된다. 이것을 동결 및 건조한 것이 한천이다. 한천은 열수에 용해되고 1~2% 이상의 한천 수용액을 냉각하면 32~39℃에서 고체상의 겔화(gel)한다. 겔화된 한천을 90~100℃에서 가열하면 액상의 졸화(sol)한다. 이러한 한천의 가역적 현상에 대한 특성을 이용하여 양갱이나 젤리 등 식품공업에서 널리 이용되며, 미생물 배지로서 의약이나 학술연구용으로도 사용된다.

한천은 아가로오스(agarose)와 아가로펙틴(agaropectin)으로 이루 어진 복합다당류이다. 아가로오스는 한천의 주성분으로 당류 중 70%를 차지하고 β-D-갈락토오스와 3,6-안히드로-α-L-갈락토오스가 β-1,4 결합한 이당류인 아가로비오스(agarobiose)와 3,6-안히드로-α-L-갈락토오스와 D-갈락토오스가 α-1,3결합한 네오아가로비오스(neoagaro biose)가 결합되어 있다. 아가로펙틴은 아가로오스에 소량의 황산염, 피루브산 등이 함유되어 있다.

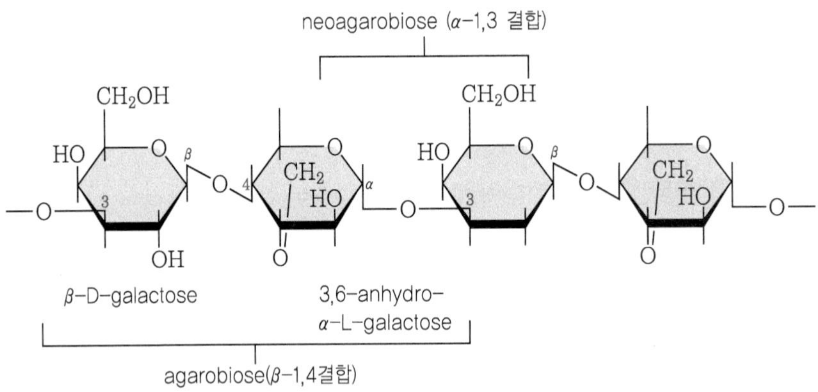

〈아가로오스의 구조〉

3) 펙틴(pectin)

식물의 뿌리, 과일, 줄기 등에 널리 분포되어 있다. 펙틴은 주성분인 갈락투로닉산(galac turonic acid)의 메틸 에스테르(methyl ester)가 다수 중합한 복합다당류이며, 설탕과 산을 함께 가열하면 겔화하는 성질이 있어 식품가공에 이용되기도 한다.

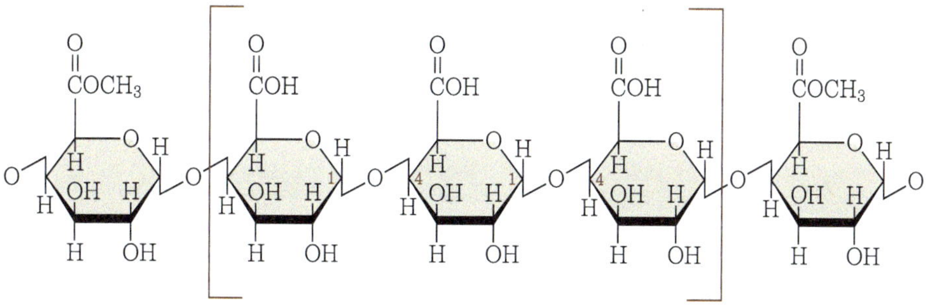

〈펙틴 중의 갈락투로닉산의 결합상태〉

4) 이눌린(inulin)

돼지감자, 달리아의 뿌리, 백합 뿌리 등에 많이 들어 있는 복합다당류로서, 주성분인 β-D-과당이 β-1,2결합한 중합체로 말단에 α-포도당이 결합되어 있다. 냉수에는 녹지 않으나 열수에는 쉽게 녹으며, 가수분해효소(inulinase)와 묽은 산 등에 의해서 가수분해된다. 이눌린은 환원성은 없으며, 요오드반응도 나타내지 않는다.

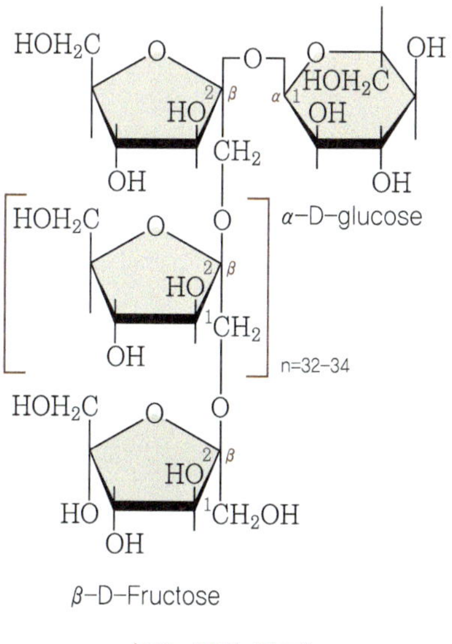

〈이눌린의 구조〉

Chapter 09

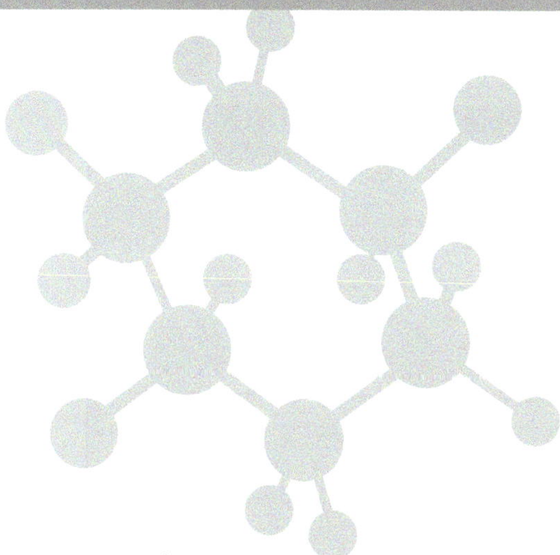

지질의 화학

1. 지질의 개요
2. 단순지질
3. 복합지질
4. 유도지질
5. 유지의 화학적 성질

1. 지질의 개요

탄소(C), 수소(H), 산소(O)로 이루어진 유기화합물이다. 지질은 분자 내 탄화수소 비율이 높아 비극성 용매(핵산, 벤젠, 클로로포름, 아세톤 등)에서 용해되며 자연계에서 지방(fat), 기름(oil), 납(wax), 지용성 비타민, 스테롤(sterol) 등의 화합물에 포함되어 있다.

강력한 에너지원이며, 세포막의 구성성분으로 식품(텍스처, 향미, 맛), 방향제, 화장품 등의 산업에 이용된다.

〈지질의 분류〉

분류		종류
구조에 따른 분류		
단순지질	유지(fat and oil)	버터, 식용유, 라드 등
	왁스류(wax)	밀납, 비누, 화장품, 광택제 등
복합지질	인지질(phospholipids)	뇌, 신경조직, 대두, 난황 등
	당지질(glycolipids)	식물 씨앗, 미생물 등
유도지질	스테롤류	간, 오징어, 콜레스테롤 등
	지용성 비타민	비타민 A, D, E, K 등
	탄화수소류	스쿠알렌, 토코페롤, 비타민 K 등
비누화에 따른 분류		
비누화 지방질		유지, 왁스류, 인지질
비누화되지 않는 지방질		탄화수소류, 스테롤류, 색소류

2. 단순지질

(1) 유지

유지(fat and oil)는 지방산(fatty acid)과 글리세롤(glycerol)이 에스테르결합(R′COOR) 한 화합물이다. 지방산은 짝수의 탄소원자 사슬의 말단에 한 개의 카르복실기를 가지고 있으며, 글리세롤은 분자 내에 3개의 수산기(OH)를 함유하고 있다. 한 개의 글리세롤에 결합한 지방산의 개수에 따라 모노글리세라이드(monoglyceride, MG), 디글리세라이드(diglyceride, DG), 트리글리세라이드(triglyceride, TG)라고 한다.

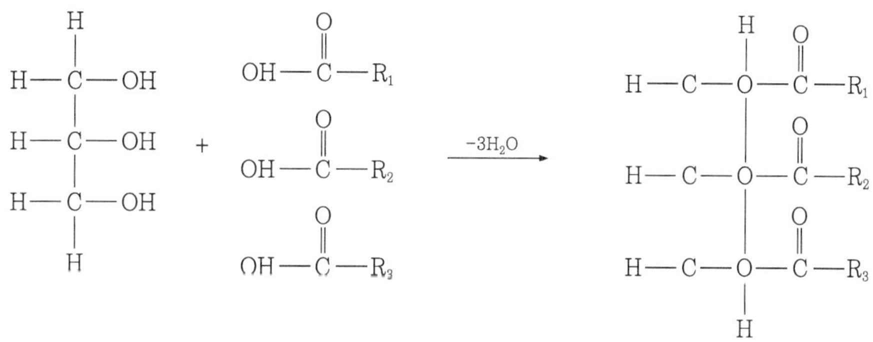

〈트리글리세라이드 합성과정〉

유지의 채취 원료에 따라 식물성 유지와 동물성 유지로 나뉘며, 기름(oil)은 상온에서 액체 상태의 형상을 나타내며, 지방(fat)은 상온에서 고체 상태의 형상을 나타낸다. 또한 지방산의 종류 및 구성 비율에 따라서 그 유지의 물리적, 화학적 성질이 달라진다.

1) 지방산의 구조 및 종류

지방산은 카르복시산(carboxylic acid)으로 긴 지방족 사슬(aliphatic chain)을 가지고 있으며, 포화지방산과 불포화지방산이 있다. 지방족 사슬에 이중결합이 없는 것은 포화지방산(saturated fatty acid)이라 하며, 이중결합을 포함하고 있는 것은 불포화지방산(unsaturated fatty acid)이라고 한다. 일반식은 RCOOH로 표시하며, 자연계 지방산들의 탄소원자의 수는 대부분 짝수이고 12~28개의 탄소원자로 이루어져 있다. 지방산 사슬의 길이에 따라 탄소수가 6개 이하인 단쇄지방산(short chain fatty acids, SCFA), 6~12개인 중쇄지방산(medium chain fatty acids, MCFA), 12개 이상인 장쇄지방산(long chain fatty acids, LCFA)으로 구분된다.

지방산 종류 중 필수지방산(essential fatty acid)은 체내에서 합성할 수 없는 지방산으로 리놀레산(linoleic acid), 리놀렌산(linolenic acid), 아라키돈산(arachidonic acid)이며 이들은 동물의 정상적인 성장과 건강을 위하여 반드시 음식물을 통하여 섭취해야 하는 지방산들이다. 특히 아라키돈산은 체내에서 리놀레산으로부터 합성되기도 하며, 이러한 필수지방산들은 생체막의 주요한 구성성분이 되며, 혈중 콜레스테롤 함량을 낮추는 작용도 한다.

〈포화지방산과 불포화지방산의 종류〉

지방산의 종류		
관용명	C:D	화학식
포화지방산		
카프르산 (capric acid)	10:0	$CH_3(CH_2)_8COOH$
라우르산 (lauric acid)	12:0	$CH_3(CH_2)_{10}COOH$
미리스트산 (myristic acid)	14:0	$CH_3(CH_2)_{12}COOH$
팔미트산 (palmitic acid)	16:0	$CH_3(CH_2)_{14}COOH$
스테아르산 (stearic acid)	18:0	$CH_3(CH_2)_{16}COOH$
아라크산 (archidic acid)	20:0	$CH_3(CH_2)_{18}COOH$

지방산의 종류		
관용명	C:D	화학식
불포화지방산		
미리스트올레산 (myristoleic acid, cis-Δ^9, ω-5)	14:1	$CH_3(CH_2)_3CH=CH(CH_2)_7COOH$
팔미톨레산 (palmitoleic acid, cis-Δ^9, ω-7)	16:1	$CH_3(CH_2)_5CH=CH(CH_2)_7COOH$
올레산 (oleic acid, cis-Δ^9, ω-9)	18:1	$CH_3(CH_2)_7CH=CH(CH_2)_7COOH$
리놀레산 (linoleic acid, cis-$\Delta^{9,12}$, ω-6)	18:2	$CH_3(CH_2)_4CH=CHCH_2CH=CH(CH_2)_7COOH$
리놀렌신 (linolenic acid, cis-$\Delta^{9,12,15}$, ω-3)	18:3	$CH_3CH_2CH=CHCH_2CH=CHCH_2CH=CH(CH_2)_7COOH$
아라키돈산 (arachidonic acid, cis$\Delta^{5,8,11,14}$, ω-6)	20:4	$CH_3(CH_2)_4CH=CHCH_2CH=CHCH_2CH=CHCH_2CH=CH(CH_2)_3$ COOH
에이코사펜타노산 (eicosapentaenoic acid, cis$\Delta^{5,8,11,14,17}$, ω-3)	20:5	$CH_3CH_2CH=CHCH_2CH=CHCH_2CH=CHCH_2CH=CHCH_2CH=$ $CH(CH_2)_3COOH$
도코사헥사노산 (Docosahexaenoic acid, cis$\Delta^{4,7,10,13,16,19}$, ω-3)	22:6	$CH_3CH_2CH=CHCH_2CH=CHCH_2CH=CHCH_2CH=CHCH_2CH=$ $CHCH_2CH=CH(CH_2)_2COOH$

※ C:D는 탄소 개수: 이중결합 개수

※ Δ^9는 이중결합이 카르복실기로부터 9번 탄소에 있음

※ ω-6는 이중결합이 메틸기로부터 6번 탄소에 있음

알아두세요

불포화지방산

포화지방산은 동물성 유지에 많이 존재하고, 이를 다량 섭취하면 동맥경화증이나 심장병의 원인이 된다. 그러나 불포화지방산은 혈중 총콜레스테롤과 LDL콜레스테롤(low density lipoprotein cholesterol)의 수치를 낮추어, 심장병의 원인을 감소시킨다. 단, 트랜스형 불포화지방산은 오히려 혈액 내 플라그(plaque) 등을 형성하여 동맥경화나 심혈관계 질환을 유발한다. 따라서 건강을 위해서는 포화지방산보다 불포화지방산이 효과적이고, 세계보건기구에서는(WHO) 불포화지방산 섭취량을 하루 권장 칼로리에 30%를 초과 섭취하지 않도록 권고하고 있다.

2) 포화지방산

포화지방산은 탄소의 수에 비해 수소의 수가 2배로 되어 있는 지방산으로서 일반식은 $C_nH_{2n+1}COOH$ 또는 $C_nH_{2n}O_2$이다. 탄소수가 4~30개로 이루어진 포화지방산들이 알려져 있으며, 천연유지 중에는 팔미트산(palmitic acid, C_{16})과 스테아르산(stearic acid, C_{18})가 가장 많이 분포되어 있다. 또한 포화지방산에 함유된 탄소의 개수와 녹는점은 비례적 관계에 있다.

$$CH_3CH_2CH_2CH_2CH_2CH_2CH_2CH_2CH_2CH_2CH_2CH_2CH_2CH_2CH_2CH_2CH_2\overset{\displaystyle O}{\overset{\|}{C}}{-}OH$$

methyl group(1개) methylene group(16개) carboxyl group(1개)

〈스테아르산($C_{18}H_{36}O_2$) 분자 구조〉

원료 채취에 따른 포화지방산인 팔미트산과 스테아르산의 조성을 살펴보면, 동물성 유지인 우지는 27%, 7.4%, 돼지기름(lard)은 27.1%, 11%이고, 식물성 유지인 ~~옥수수유는~~ 8~19%, 0.5~4%, 콩기름은 7~14%, 1.4~5.5%이다. 또한 불포화지방산인 올레산과 리놀레산의 조성을 살펴보면 동물성 유지인 우지는 47.5%, 1.7%, 돼지기름은 44.4%, 11.4%이고, 식물성 유지인 ~~옥수수유는~~ 19~50%, 34~62%, 콩기름은 19~30%, 44~62%이다. 지방산 조성에서 볼 수 있듯이 식물성 유지에 비해 동물성 유지(어유 제외)에 포화지방산 함량이 높다.

3) 불포화지방산

불포화지방산의 일반식은 이중결합의 수에 따라 즉, 이중결합이 1개인 경우에는 C_nH_{2n-1} COOH, 2개인 경우에는 C_nH_{2n-3}COOH, 3개인 경우에는 C_nH_{2n-5}COOH로 H의 n수가 달라진다. 불포화지방산에 1개의 이중결합을 함유하고 있으며 단일불포화지방산(monounsaturated fatty acid, MUFA), 2개 이상의 이중결합을 함유하고 있으며 다가불포화지방산(polyunsaturated fatty acid, PUFA)이라 한다.

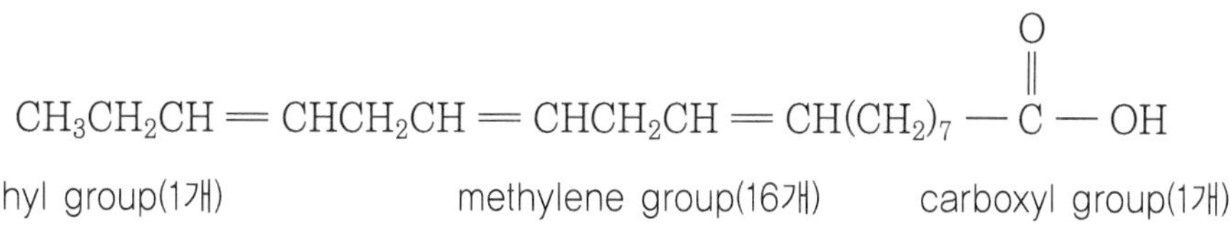

〈리놀렌산($C_{18}H_{30}O_2$) 구조〉

불포화지방산은 이중결합을 포함하고 있어 입체이성질체인 시스형(cis)과 트랜스형(trans)이 있다. 탄소 사슬 내의 이중결합에서 같은 위치에 수소원사 배치하고 있는 것을 시스형(배형)이라고 한다. 반대로 이중결합에서 수소원자의 위치가 반대로 배치하고 있는 것을 트랜스형(의자형)이라고 한다. 또한 트랜스형 구조는 포화지방산의 구조와 유사한 직선 형태를 가지고 있어, 포화지방산과 유사한 성질을 나타낸다. 대부분의 자연계의 불포화지방산은 불안정한 시스형이며, 트랜스형은 체내 대사과정에서 수소가 첨가될 때 볼 수 있다. 불포화지방산의 이중결합은 공기 중에 산소와 반응하여 쉽게 산화되며, 이중결합수는 산화속도와 비례하며, 융점은 반비례한다.

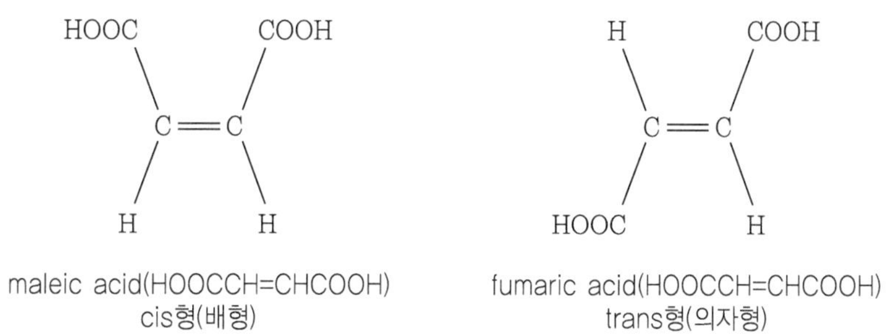

〈불포화지방산의 이성질체〉

알아두세요

트랜스 지방(trans fat)

불포화지방산의 산패를 방지하여 보관의 편리를 높이기 위하여, 액상의 불포화지방산에 수소를 첨가하여 고체상의 지방으로 가공한다(경화). 식품 산업에서 식물성 기름을 수소화(Ni 촉매)시켜 라드, 인조버터인 마가린 등을 만들어 식품재료로 사용한다. 이러한 과정에서 불포화지방산의 분자 구조가 시스형이 트랜스형으로 변한다. 트랜스형 구조는 포화지방산과 유사한 직선 형태를 가지고 있다. 이러한 트랜스 지방은 심혈관 질환 및 지방조직 내 축적을 증가시켜 유해한 지방산으로 알려져 있다. 세계보건기구는 트랜스 지방 섭취를 하루 열량의 1% 이하로 제한하고 있다.

(2) 납

왁스(wax, 납)는 탄소 18개 이상의 긴 사슬을 가진 고급지방산 1분자와 고급 1가 알코올(ROH)이 에스테르결합하여 형성된다. 대부분의 납은 상온에서 고체 상태이며, 유기용매에서 녹는다. 또한 지방보다 비중은 작고, 안정화되어 있어 쉽게 가수분해되지 않아 산소, 세균 등으로부터 보호기능을 가지고 있다.

동물에서 얻는 밀랍에는 팔미트산세틸(cetyl palmitate)을 주성분으로 한 고래기름(whale oil)과 벌꿀집에서 채취하고 팔미트산미리실(myricyl palmitate)이 주성분인 밀랍(bees wax) 등이 있다.

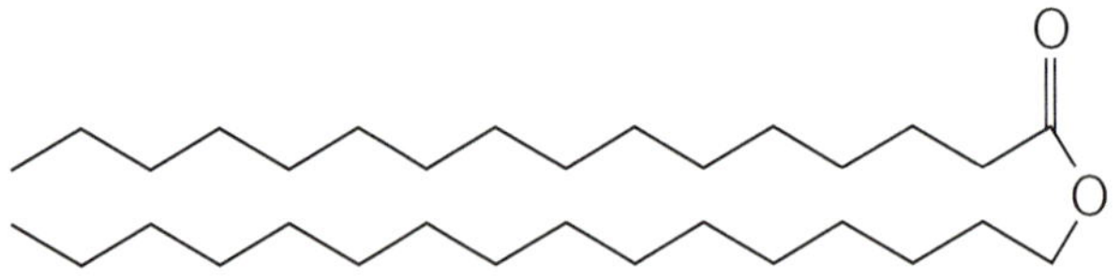

$CH_3(CH_2)_{14}COO(CH_2)_{15}CH_3$

〈팔미트산세틸 구조〉

식물에서 얻는 밀랍에는 야자과의 카르나우바의 잎에서 추출한 카르나우바납, 옻나무 열매의 과피에서 추출한 목랍 등이 있다. 카나우바 밀랍(carnauba wax)은 긴 사슬 에스테르의 혼합물로서 마루나 자동차의 고급 왁스로 많이 이용되고 있다. 식물 밀랍은 생체에서는 식물 잎의 표면으로부터 수분의 증발을 방지하는 작용을 한다.

3. 복합지질

(1) 인지질

인지질(phospholipid)은 지방산, 글리세롤과 더불어 인산과 질소화합물을 함유한 지질로서 글리세로인지질인 레시틴(lecithin), 세팔린(cephalin)과 스핑고인지질인 스핑고마이엘린(sphingomylin) 등이 있다.

1) 글리세로인지질(glycerophospholipid)

글리세로인지질은 1분자의 글리세롤에 2분자의 지방산과 1분자의 인산이 결합된 화합물로, 소수성인 지방산과 친수성인 인산을 모두 가지고 있는 양극성 물질로서 유화제 역할을 한다. 글리세로인지질인 레시틴은 인산에 콜린(choline)이 결합되어 있고, 세파린은 인산에 세린(serine) 또는 에탄올아민(ethanolamine)이 결합되어 있다.

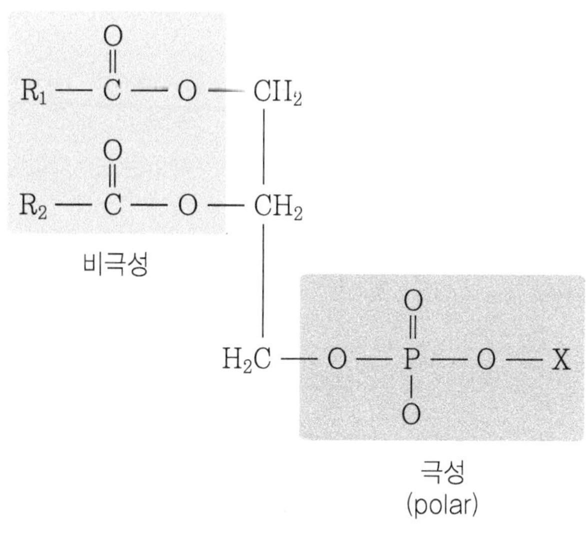

〈글리세로인지질의 기본 구조〉

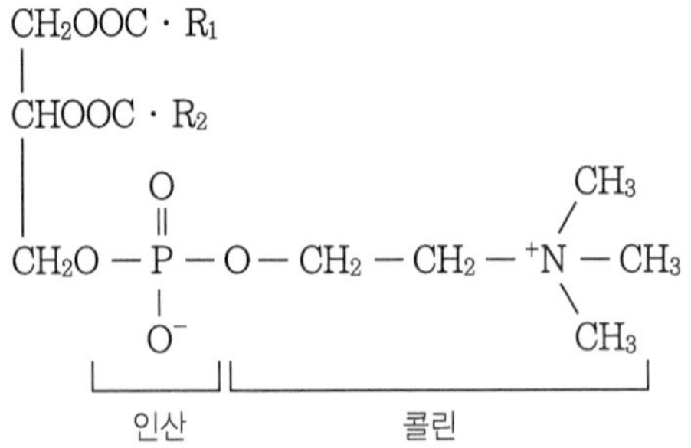

레시틴(포스파티딜콜린)

〈lecithin 구조〉

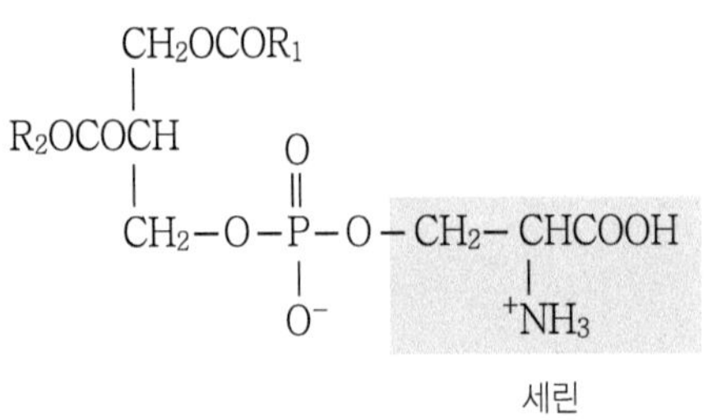

세팔린(포스파티딜세린)

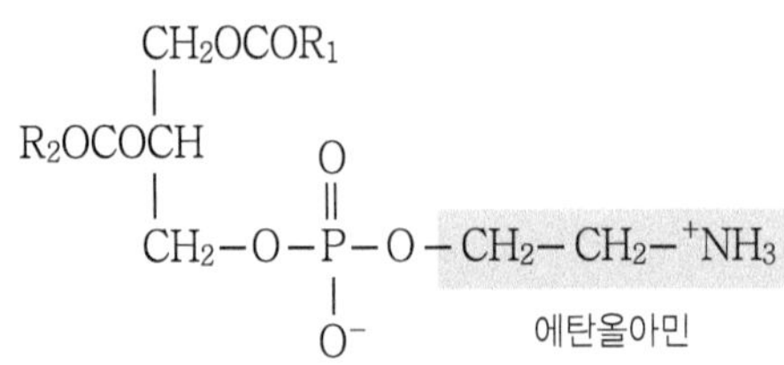

세팔린(포스파티딜에탄올아민)

〈cephalin 구조〉

2) 스핑고인지질(sphingophospholipid)

스핑고인지질인 스핑고마이엘린은 1분자의 아미노 알콜인 스핑고신(sphingosine)에 지방산, 인산, 콜린이 결합된 화합물이다. 이것은 식물에는 거의 함유되어 있지 않으며, 동물에서 당지질과 함께 뇌, 신장 등에 함유되어 있다.

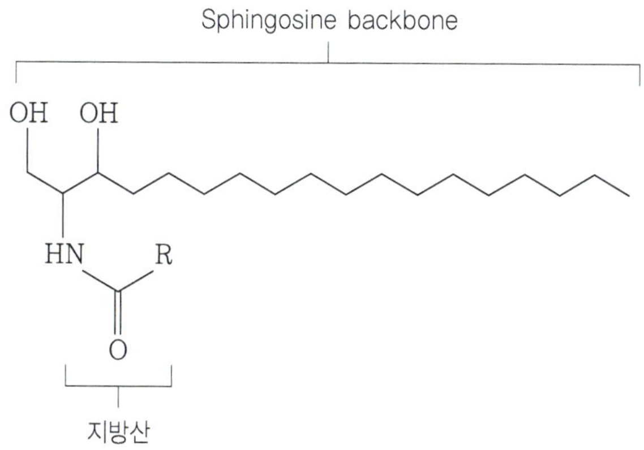

〈세라마이드 분자구조〉

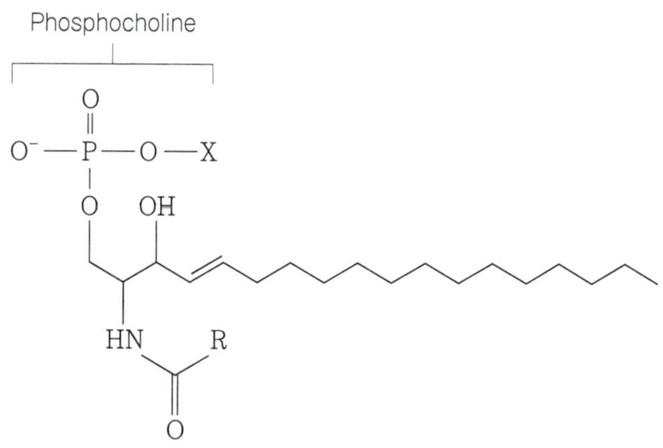

〈스핑고마이엘린 분자구조〉

알아두세요

인지질

중성지방과 납 등을 단순지질이라 하며, 그밖에 글리세롤의 수산기와 인산이 에스테르 결합한 글리세라이드를 인지질(phospholipid)이라고 한다. 인산의 원자단이 콜린과 결합한 것을 레시틴이라고 하며, 레시틴은 물에 녹지 않아 좋은 유화제로 사용된다. 또한, 에탄올아민과 결합한 것을 세팔린이라고 하며, 뇌세포 중에 많이 존재하여 혈액응고 작용을 한다. 그 외 지질의 종류로서 단당류를 포함한 당지질(glycolipid)이나 토코페롤, 스테롤 등 유도지질이 있다.

(2) 당지질

글리세롤 또는 스핑고신에 당질인 단당류(D-포도당, D-갈락토오스) 또는 이당류(설탕, 유당)가 글리코사이드 결합한 화합물이다. 당지질에는 디글리세린에 당질이 결합되어 있는 글리세로당지질(glyceroglycolipids)과 세라마이드에 당질이 결합되어 있는 스핑고당지질(sphingoglycolipids)이 있다.

4. 유도지질

지질의 가수분해로 얻어지는 지용성 화합물로, 지방산, 알콜, 스테롤류, 지용성 비타민 등이 포함된다.

(1) 스테롤류

스테로이드핵인 스테란(sterane)을 기본구조로 하는 스테롤류에는 채취 원료에 따라 동물성스테롤인 콜레스테롤(담즙산의 구성 성분), 식물성스테롤인 시토스테롤(옥수수 배아), 미생물스테롤인 에르고스테롤(효모, 쌀보리, 버섯 등의 균류) 등이 있다. 지용성 비타민에는 비타민 K, 비타민 E 등이 있다.

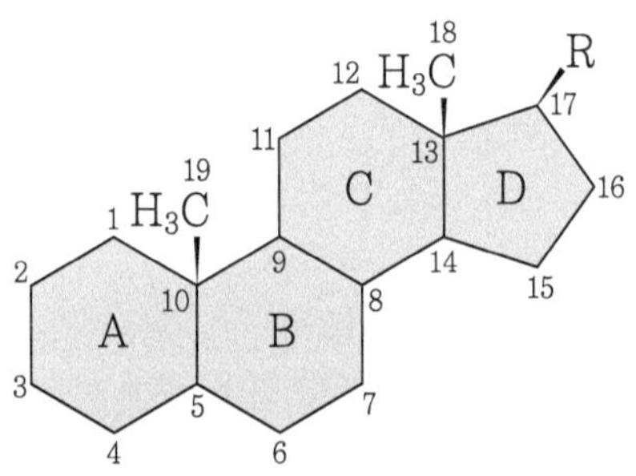

스테로이드
(R=여러 가지 곁사슬)

알아두세요

콜레스테롤(Cholesterol)

콜레스테롤은 체내에서 생합성되며 음식물로는 1일 0.3g 정도 섭취된다. 또한 체내에서 담즙산, 비타민 D, 성호르몬, 부신피질 호르몬 등을 합성하는 전구물질로 매우 긴요하게 이용되고 있으며 1일 0.1g 정도 피부에서 피지로 배설되며 장내 미생물에 의해서 환원되어 대변으로 배설된다.

5. 유지의 화학적 성질

(1) 요오드가

불포화지방산으로 된 지질에 요오드를 반응시키면 요오드가 이중결합부분에 결합하여 고체인 포화지방산으로 변한다. 이러한 반응현상을 이용하여 요오드의 소비량에 의해서 유지 중의 불포화 정도가 측정된다. 이때 첨가되어 소모되는 요오드양을 요오드가(iodine value, I.V)라 하며, 지방 100g에 대하여 부가된 요오드의 g수로 그 값을 나타낸다. 포화지방산은 이중결합이나 삼중결합이 없어서 요오드가는 0이고, 올레산(이중결합 1개)은 90이며, 레놀레산(이중결합 2개)은 181이고, 레놀렌산(이중결합 3개)은 274이다.

동물성 식품의 요오드가는 버터 26~28, 우지 35~42, 돼지기름 62~79으로 낮으나, 식물성 식품에서는 목화씨기름 103~111, 옥수수기름 111~128, 콩기름 122~134으로 높다. 또한 고래기름은 90~146이고 간유는 137~166의 높은 요오드가를 나타낸다. 지방의 불포화 정도가 높은 식물성 유지는 공기 중의 산소에 의하여 산화, 중합되어 점차적으로 점성이 증가하여 경화되며, 요오드가의 정도에 따라 건성유, 반건성유, 불건성유로 분류한다. 건성유(drying oil)는 일반적으로 요오드가가 130 이상의 유지에서 볼 수 있는 것으로 페인트에 사용된다. 즉 요오드값이 높은 유지일수록 유지의 구성성분인 지방산의 불포화노가 높아 융점이 낮으며 산화안정성이 좋지 않다.

식물성유
- 건성유(130 이상)-아마인유, 잣기름, 들기름
- 반건성유(100~130)-참기름, 대두유, 면실유
- 불건성유(100 이하)-올리브유, 땅콩기름, 동백유

(2) 비누화(검화)

유지와 밀랍은 비누 제조의 원료가 된다. 유지에 알칼리성 물질을 첨가하며, 유지의 에스테르화가 가수분해되어 글리세롤과 알칼리염인 비누를 생성한다. 유지에 염기성 물질로 수산화칼륨(KOH)이나 수산화나트륨(NaOH)을 첨가한 경우, 각각 비누인 지방산 칼륨염과 지방산 나트륨염이 생성된다. 비누의 분자에는 친유성인 탄소와 수소로 이루어진 긴 사슬의 알킬기(alkyl group)와 친수성인 알칼리염이 함께 있어 계면활성제로 이용된다.

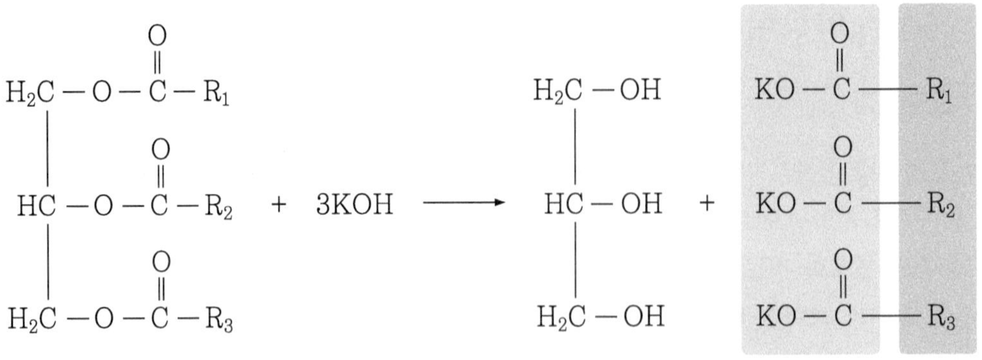

〈비누화 과정〉

세척이나 세탁의 원리는 비누의 친유성기가 오염된 유지 부분과 결합하여 미셀구조를 형성하고, 친수성기는 물과 결합되어 수용액에 용해되어 세척작용을 한다. 대표적인 합성세제로는 알킬벤젠술폰산나트륨, 알킬황산나트륨 등이 있다.

Chapter 10

단백질의 화학

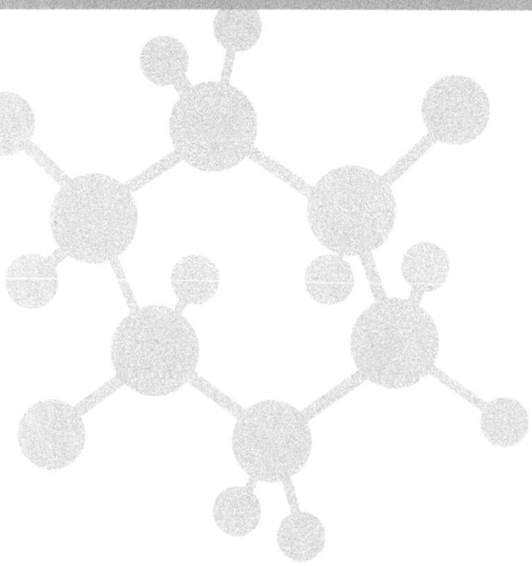

1. 단백질의 개요
2. 아미노산의 개요
3. 아미노산의 성질
4. 단백질

1. 단백질의 개요

단백질은 50~55% 탄소(C), 25~30% 산소(O), 6~7% 수소(H), 12~19% 질소(N), 0~2.5% 황(S)과 그 외 무기질인 인(P), 구리(Cu), 철(Fe), 아연(Zn) 등을 함유하고 있다.

평균 단백질의 질소함량은 16%이며, 식물성 식품의 질소-단백질 환산계수는 6.25 (100/16)이고, 동물성 식품의 질소-단백질 환산계수는 5.70이다. 식품의 단백질 함량은 정량 분석을 통해 질소 함량을 정량한 후 식품별 질소-단백질계수를 곱하여 산출한다.

단백질은 모든 생물(미생물, 동물, 식물 등)의 세포에서 생명유지 및 성장을 위한 대사와 화합물들이 함유하고 있는 원형질의 구성성분으로 혈액, 근육, 피부, 모발 등 인체조직의 구성 요소이다.

인체 내 화학반응의 촉매물질인 효소(enzyme), 대사 및 면역반응을 조절하는 호르몬 및 면역물질(항체, 점액), 유전자인 핵산(DNA) 등에서 중요한 역할을 하는 화합물이다.

2. 아미노산의 개요

(1) 아미노산의 구조

단백질은 아미노산들이 중합된 고분자 유기화합물로, 자연계에는 약 20종류의 아미노산이 있다. 아미노산 한 분자 내에 알칼리성인 아미노기(-NH_2)와 산성인 카르복실기(-COOH)를 함유하고 있어 양성전해질이다. 아미노산은 아미노기가 결합된 탄소위치에 의해 분류되며, α-탄소원자에 아미노기가 결합되어 있으면 α-아미노산, β-탄소원자에 아미노기가 결합되어 있으면 β-아미노산, γ-탄소원자에 아미노기가 결합되어 있으면 γ-아미노산이라 부른다.

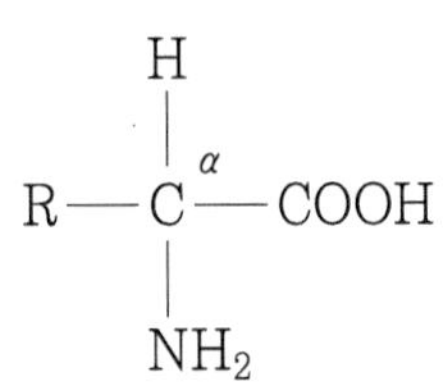

α-아미노산

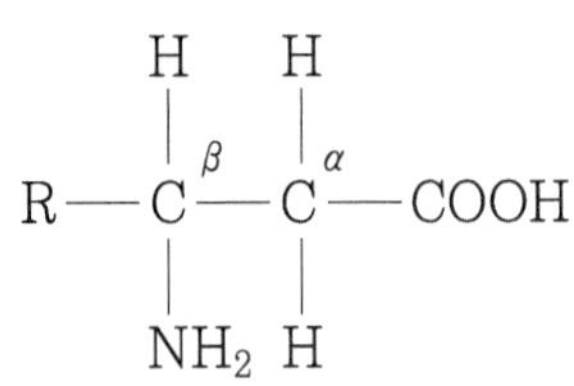

β-아미노산

자연계에 존재하는 아미노산은 대부분 α-아미노산이고, 단백질을 구성하는 모든 아미노산은 α-아미노산이다. 모든 아미노산(글리신 제외)은 부제탄소를 가지고 있어 광학이성질체가 존재한다.

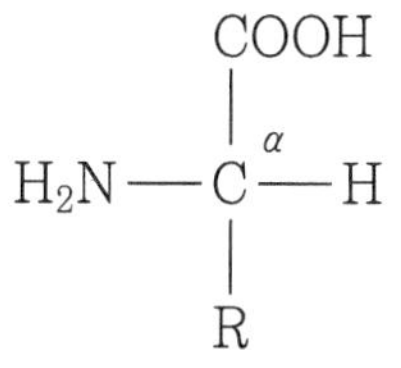

L-α-아미노산

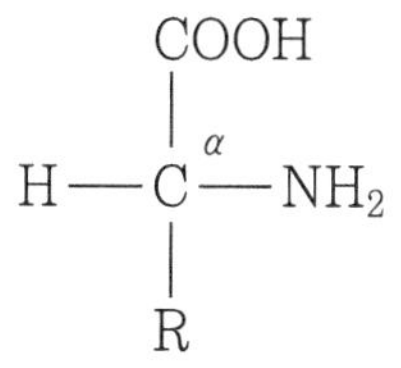

D-α-아미노산

(2) 아미노산의 분류

단백질을 산, 알칼리, 효소 등으로 가수분해하면 약 20종류의 아미노산들이 얻어진다.

20여종의 아미노산 중 발린(valine), 루신(leucine), 이소루신(isoleucine), 트레오닌(threonine), 리신(lysine), 메디오닌(methionine), 페닐알라닌(phenylalaninc), 트립토판(tryptophan) 등 8종의 아미노산은 인체 내에서 합성되지 않는 필수아미노산(essential amino acid)이다. 유아는 아르기닌(arginine), 히스티딘(histidine) 2가지가 추가되어 모두 10종이다. 아미노산은 α-아미노산에 결합된 작용기(R)의 형태에 따라 분류된다.

〈단백질을 구성하는 아미노산〉

분류 측쇄(R), 특징	아미노산(약호)	화학구조	등전점
지방족 (비극성)	글리신 (glycine, Gly)	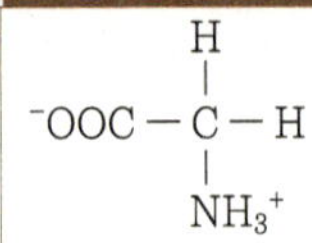	6.0
	알라닌 (alanine, Ala)	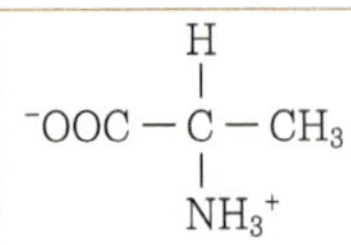	6.0
	발린 (*valine, Val)	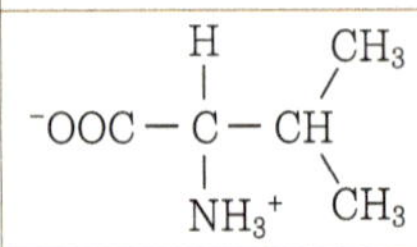	6.0
	루신 (*leucine, Leu)	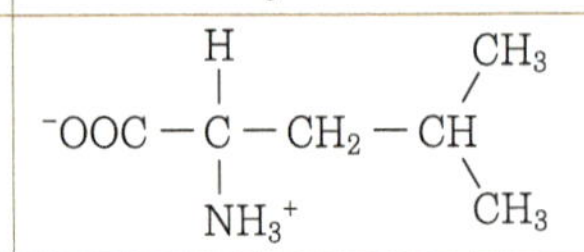	6.0
	이소루신 (*isoleucine, Ile)	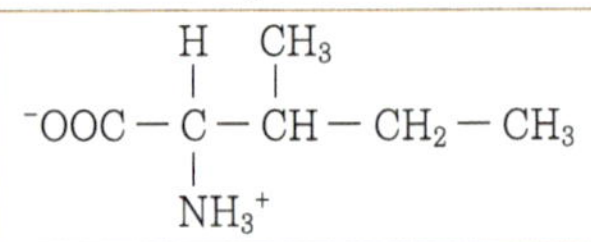	6.1
지방족 (알코올성, 극성)	트레오닌 (*threonine, Thr)	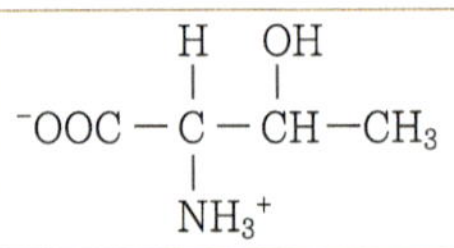	6.5
	세린 (serine, Ser)	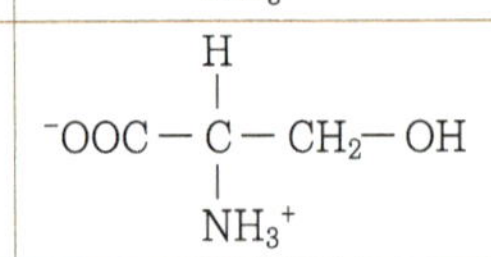	5.7
방향족	티로신 (tyrosine, Tyr)	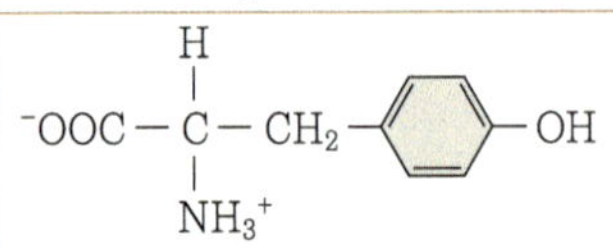	5.7
	페닐알라닌 (*phenylalanine, Phe)	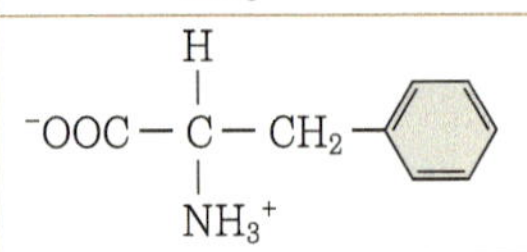	5.5
	트립토판 (*tryptophan, Trp)	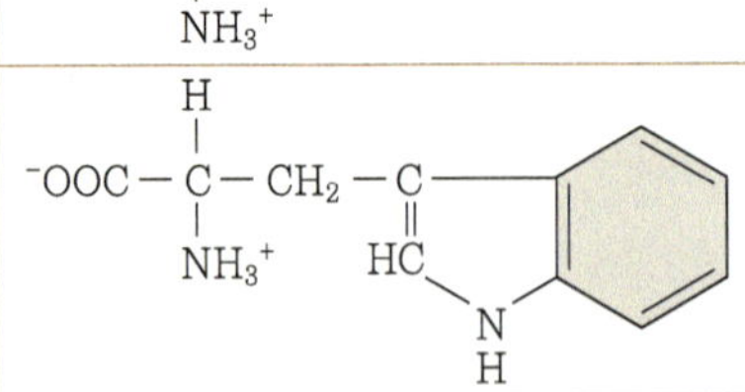	5.9

분류 측쇄(R), 특징	아미노산(약호)	화학구조	등전점
카르복실산 (산성)	아스파트산 (aspartic acid, Asp)	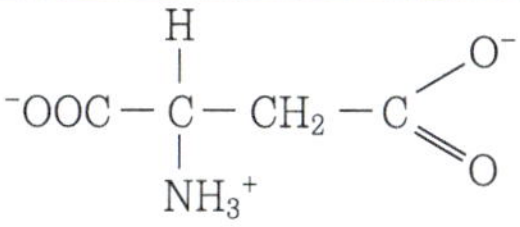	3.0
	글루탐산 (glutamic acid, Glu)	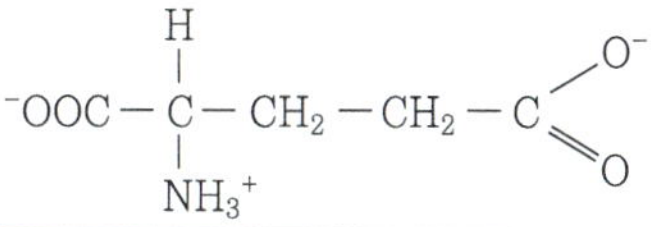	3.2
아민 염기 (염기성)	히스티딘 (*histidine, His)	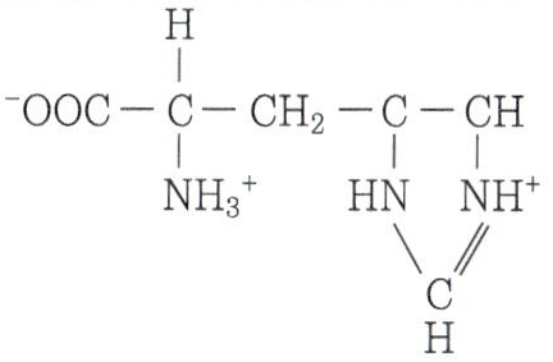	7.6
	리신 (*lysine, Lys)	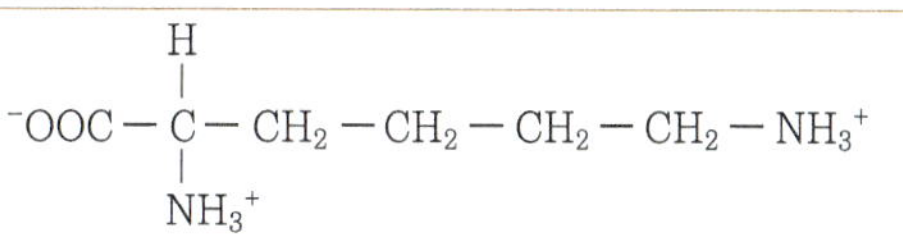	9.8
	아르기닌 (*arginine, Arg)	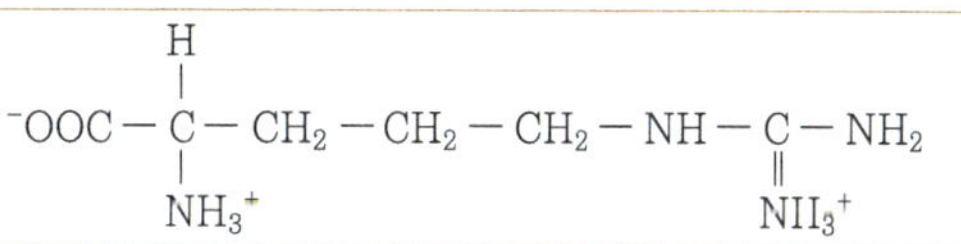	10.8
함황 (비극성)	메티오닌 (*methionine, Met)	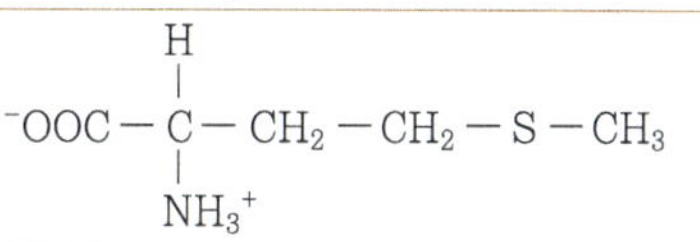	5.8
	시스테인 (cysteine, Cys)	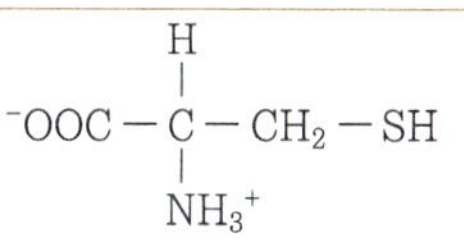	5.0
아마이드 (극성)	아스파라긴 (asparagine, Asn)	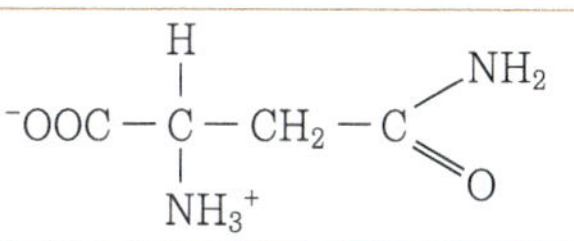	5.4
	글루타민 (glutamine, Gln)	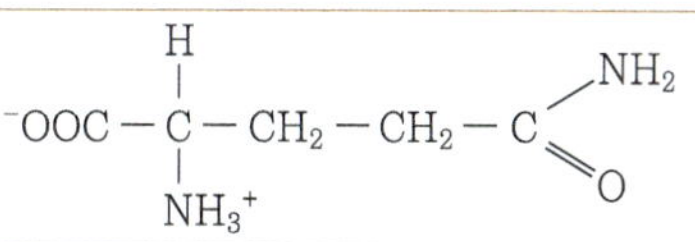	5.7
이민 (비극성)	프롤린 (proline, Pro)	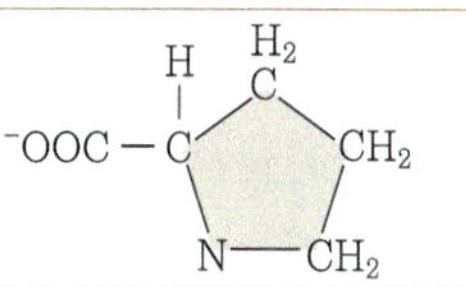	6.3

*: 필수아미노산

3. 아미노산의 성질

(1) 쌍극자이온과 등전점

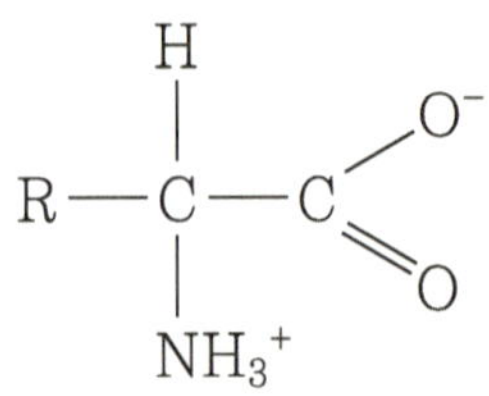

〈아미노산의 양쪽성 이온〉

중성 아미노산은 한 분자 내에 산성으로 작용하는 카르복실기(COO^-)와 알칼리로 작용하는 아미노기(NH_3^+)를 함유하고 있기 때문에 수소이온은 양쪽 원자단 사이에서 서로 교환이 이루어진다. 중성용액에서 아미노산은 음전하와 양전하를 가진 양쪽성이온(amphoteric ion) 상태이다.

아미노산은 pH가 낮은 산성 용액에서 $RCHNH_3^+COOH$으로 양이온이 되어 음극으로 이동하고, pH가 높은 염기성 용액에서는 $RCHNH_2COO^-$으로 음이온이 되어 양극으로 이동한다. 그러나 어느 pH에서 아미노산이 $RCHNH_3^+COO^-$으로 양성이온 상태가 되어 전기이동이 일어나지 않는다. 즉 아미노산의 전하가 0이 되는 pH를 등전점(isoelectric point, pI)이라 하며, 아미노산의 종류에 따라 등전점은 다르다. 또한 등전점을 벗어난 아미노산은 전하를 띠게 되는 이온화(ionization)가 일어난다. 등전점보다 작은 pH에서 아미노산은 양이온의 형태를 취하고, 등전점값보다 큰 pH에서는 음이온의 형태를 띠게 된다.

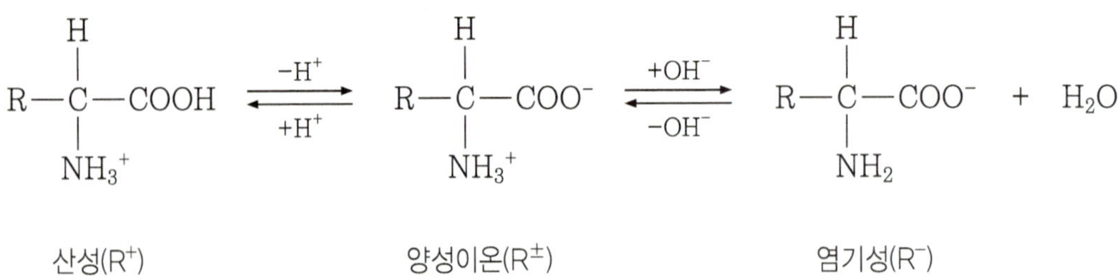

〈pH에 의한 아미노산의 이온형〉

(2) 펩티드

두 분자의 아미노산에서 아미노산의 카르복실기와 다른 아미노산의 아미노기가 탈수, 축합되어 하나의 고분자 화합물을 생성하는 결합을 펩티드결합(peptide linkage)이라 하며, -CO-NH-로 표시한다. 펩티드를 구성하는 아미노산의 개수에 따라 디펩티드(dipeptide), 트리펩티드(tripeptide), 아미노산 10개 이하로 이루어진 것을 올리고펩티드(oilgopeptide),

여러 분자의 아미노산이 결합된 것을 폴리펩티드(polypeptide)라고 한다. 펩티드는 강한 결합력을 가지고 있어 묽은 산, 알칼리에 끊어지지 않는다.

펩티드사슬의 양쪽 끝에는 유리된 아미노기와 카르복실기가 1개씩 남는다. 유리된 아미노기를 함유한 아미노산을 N-말단아미노산(N-terminal amino acid)이라 하고, 펩티드사슬의 좌측에 표시한다. 또한 다른 한쪽에는 유리된 카르복실기를 함유한 아미노산을 C-말단아미노산(C-terminal amino acid)이라 하며, 펩티드사슬의 우측에 표시한다.

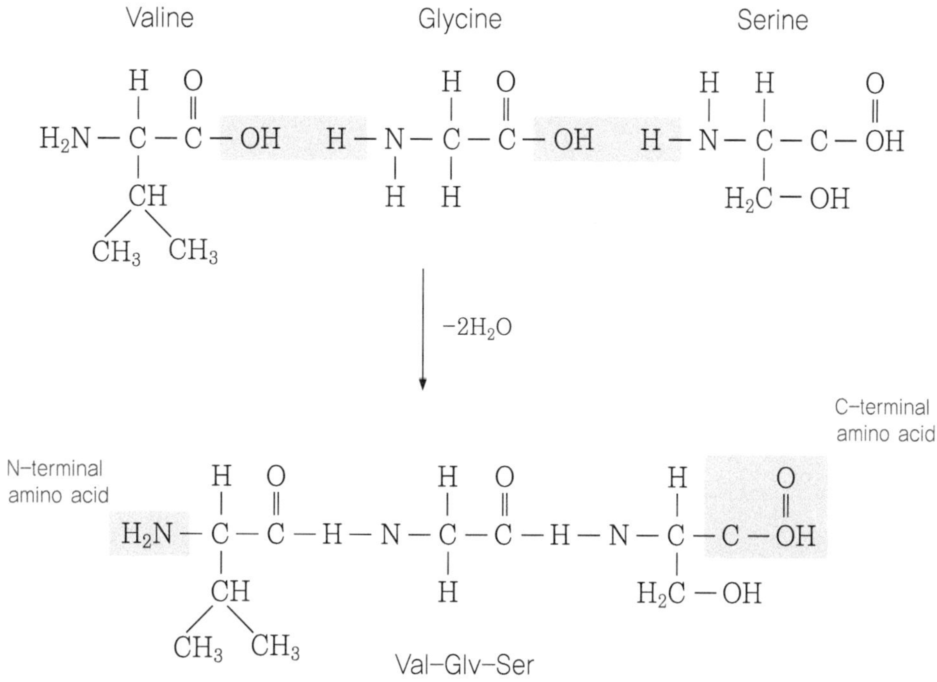

〈트리펩티드 분자 구조〉

펩티드의 명칭은 좌측의 N-말단아미노산에서 시작하여 우측 방향의 아미노산들을 이어가며 명명한다. 각각의 아미노산 명칭의 어미 '-ine'을 '-yl'로 고쳐 이어가며, C-말단의 마지막 아미노산 명칭은 '-ine'으로 끝나도록 한다. 또한 아미노산의 약호를 이어 적음으로써 펩티드결합을 나타낸다.

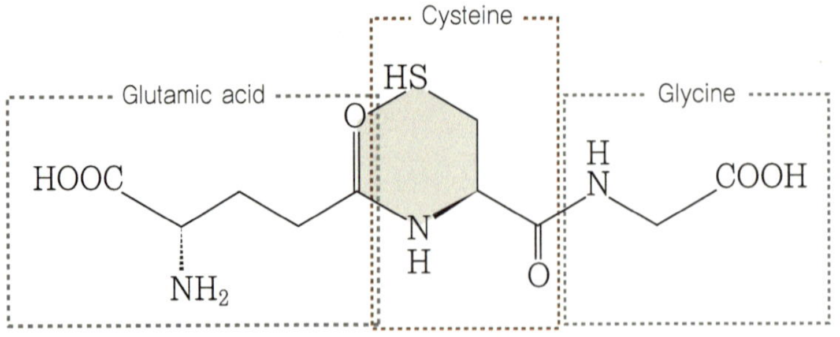

γ-L-glutamyl-L-cysteinyl-glycine

〈글루타티온 분자 구조〉

글루타티온(glutathione, GSH)은 트리펩티드(Glu-Cys-Gly)로, 대부분의 동식물 세포에 존재하여 산화환원반응, 아미노산 운반, DNA 및 단백질 합성의 보조인자로서 작용한다. 옥시토신(oxytocin)은 9개의 아미노산으로 이루어진 올리고펩티드(Cys-Tyr-Ile-Gln-Asn-Cys-Pro-Leu-Gly-NH_2)로, 뇌하수체후엽에서 분비하는 신경조절호르몬으로 자궁 수축, 유즙 분비를 유도하는 작용을 한다.

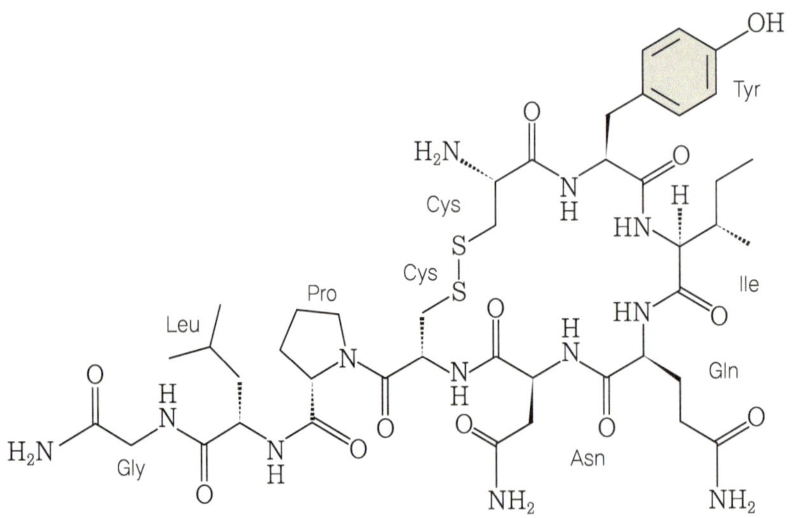

〈옥시토신 분자 구조〉

4. 단백질

(1) 단백질의 구조

단백질은 여러 개의 아미노산이 폴리펩티드 결합한 고분자 화합물로 4가지 구조가 중합되어 입체구조를 형성한다. 1차 구조는 아미노산의 종류와 배열순서를 나타내며 폴리펩티드로 이루어진 직선형 구조이다. 아미노산의 배열순서는 DNA에 기록된 암호에 의해 결정된다. 2차 구조는 수소결합에 의해 α-나선구조(α-helix structure), β-구조(β-pleated sheet structure, 병풍구조), 불규칙 구조(random coil structure)를 이루어 구조를 안전화 시킨다. 3차 구조는 2차 구조가 더 구부러져 입체구조를 형성한다. 4차 구조는 일정한 3차 구조를 가진 분자가 회합한 것으로 단백질의 기능을 가지고 있다.

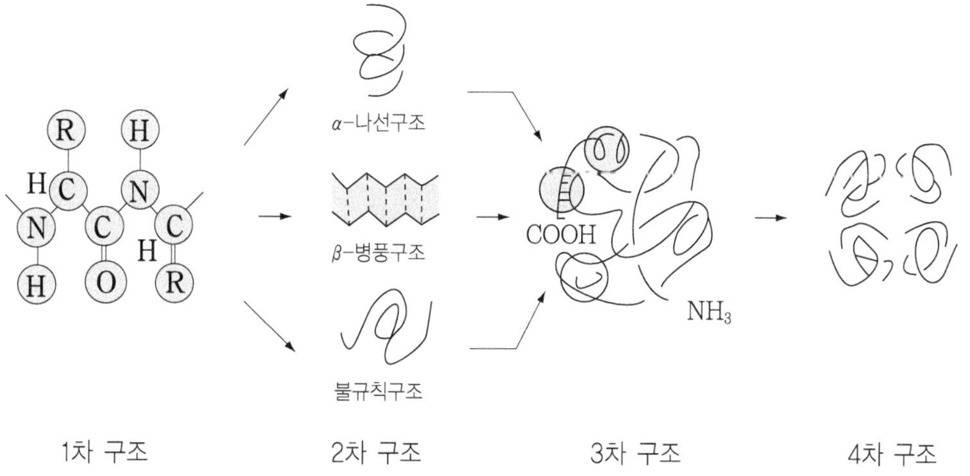

〈단백질 구조〉

1) 1차 구조(primary structure)

단백질분자를 구성하고 있는 아미노산 조성을 알 수 있는 기본 구조로, 약 20종의 아미노산이 암호화된 배열순서로 폴리펩티드 사슬의 직선 형태를 이루는 것이 1차 구조이다. 아미노산의 배열순서는 단백질 종류에 따라 DNA의 유전정보에 의해 결정된다. 1차 구조를 통해 단백질의 종류 및 분자량을 알 수 있으며, 펩티드 외에 다른 결합은 존재하지 않는다.

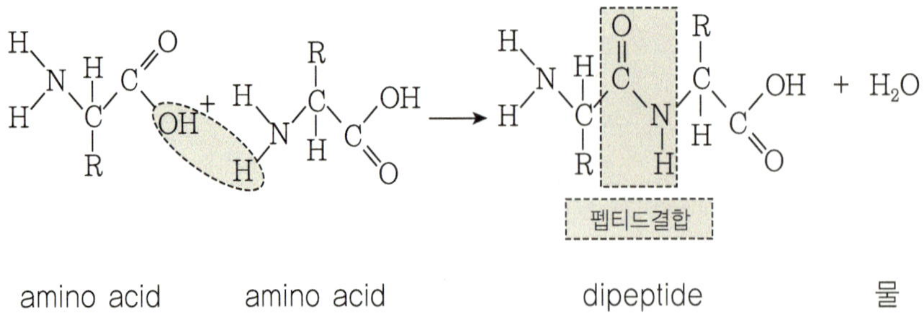

〈단백질의 1차 구조〉

2) 2차 구조(secondary structure)

폴리펩티드 사슬의 구성 아미노산간에 수소결합을 하여 폴리펩티드 사슬이 꼬이거나 구부러져 나선(coil) 형태를 이루고 있는 것을 2차 구조라 한다. 이러한 2차 구조의 나선 형태에는 3가지 구조(α-helix, β-sheet, random coil structure)가 있다.

α-나선구조(α-helix)는 아미노산의 아미노기(N-H)와 카보닐기(C=O)가 수소 결합하여, 나선모양을 형성한다. 아미노산 사이의 수소결합은 4번째 아미노산 이전에 형성되어 1회전의 나선에는 평균 3.6개의 아미노산이 함유되어 규칙적인 나선 구조를 형성한다. 케라틴(손톱, 모발), 핵산(DNA, RNA), 미오신(근육) 등의 단백질은 α-나선구조를 가지고 있다.

특히, 펩티드 사슬 내 메티오닌, 리신, 글루탐산, 알라닌, 루신이 있는 부위에는 높은 확률로 α-나선구조 형성이 이루어진다.

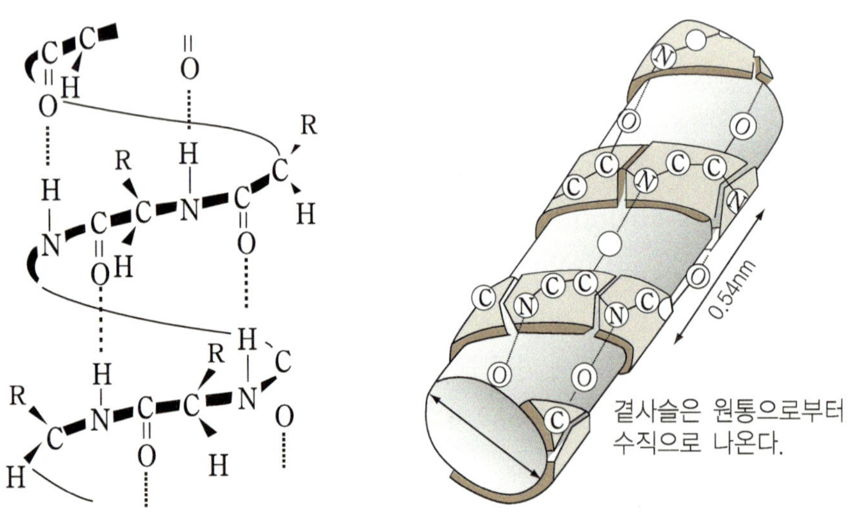

〈단백질의 2차 구조: α-나선 구조〉

또 다른 2차 구조인 β-병풍구조는 폴리펩티드 사슬의 특정 부위가 일정한 각도로 꺾인 병풍 모양을 하고 있어, α-나선구조에 대한 평면형 구조이기도 하다. 또한 병풍 모양을 가진 두 사슬 부분사이에서 수소결합이 이루어 두 가지의 β-병풍구조를 형성한다. 두 부위의 펩티드 사슬이 같은 방향으로 병행하는 평행형(parallel) 병풍구조(평형 β구조)와 반대 방향으로 병행하는 역평행형(antiparallel) 병풍구조(역평형 β구조)가 있다. 피브로인(누에고치의 섬유성분), 콜라겐(연골, 피부, 근육의 결합조직 성분), 엘라스틴(결합조직 성분) 등의 섬유성 단백질과 면역글로불린 등 열변성 단백질에서 β-병풍구조를 관찰된다.

펩티드 사슬에 방향족 잔기를 가지고 있는 티로신, 트립토판, 페닐알라닌이 있는 부위에는 β-병풍 구조 형성이 높은 성향이 있다.

단백질 2차 구조 중 규칙성이 없는 펩티드사슬 부분이 불규칙하게 꼬여 있는 불규칙 구조가 있다.

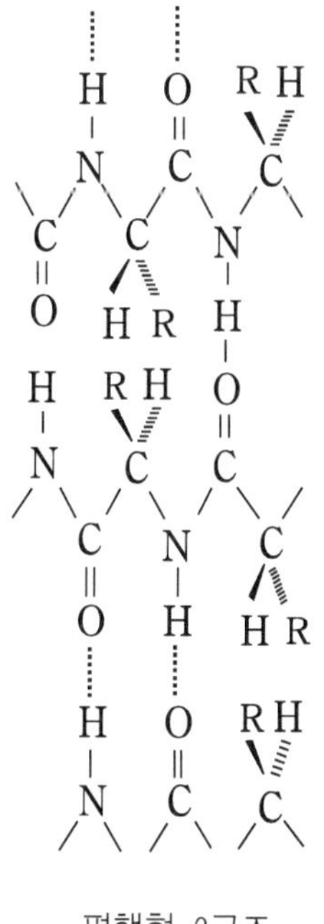

평행형 β구조

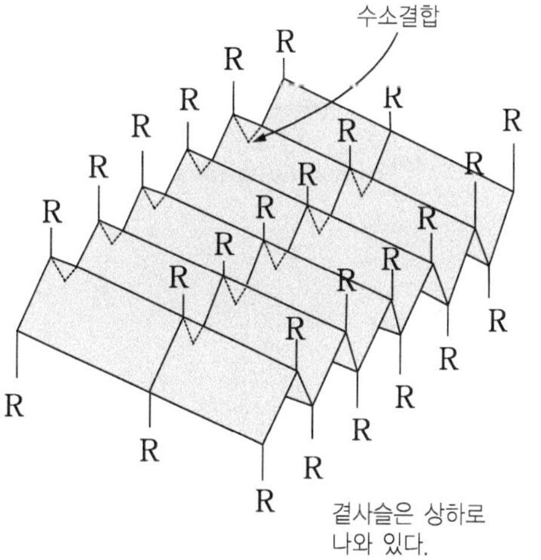

역평형 β구조

〈단백질 2차 구조: β-병풍구조〉

3) 3차 구조(tertiary structure)

2차 구조를 가진 폴리펩티드 사슬들이 다시 꼬이거나 접혀 단백질 분자는 3차원의 구상 또는 섬유상 입체 모양을 형성하고 있다. 이러한 폴리펩티드 사슬의 접힘은 아미노산 잔기들의 공유결합인 이황결합(S-S결합)과 비공유결합인 이온결합, 수소결합, 소수성 결합, 반데르발스 결합(쌍극자간의 인력)에 의해 일어난다.

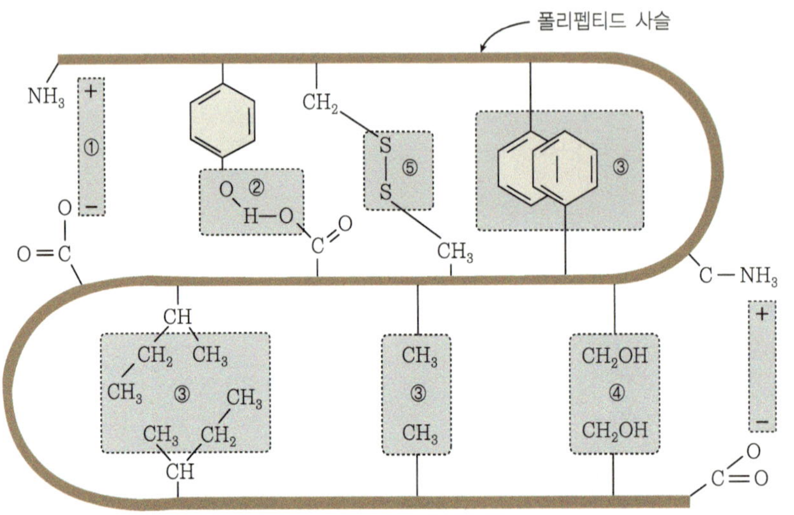

① 정전기적 인력 ② 수소결합 ③ 소수성기 간의 인력 ④ 쌍극자간의 인력 ⑤ S-S결합

〈단백질 3차 구조: 아미노산간의 결합 방법〉

구상 단백질(globular protein)은 헬릭스 코일(helix-coil)이 구부러지고 겹쳐서 둥근 모양을 하고 있으며, 알부민, 글로불린, 대부분의 효소 등이 있다. 섬유상 단백질(fibrous protein)은 헬릭스 코일이 일정한 방향성을 갖고 규칙적으로 배열하여 실 모양을 하고 있으며, 케라틴, 피브로인 등이 있다. 3차 구조는 단일 단백질분자로서, 단백질의 기본 기능을 조절하는 한 개의 소단위(subunit) 또는 프로토머(protomer)를 형성한다.

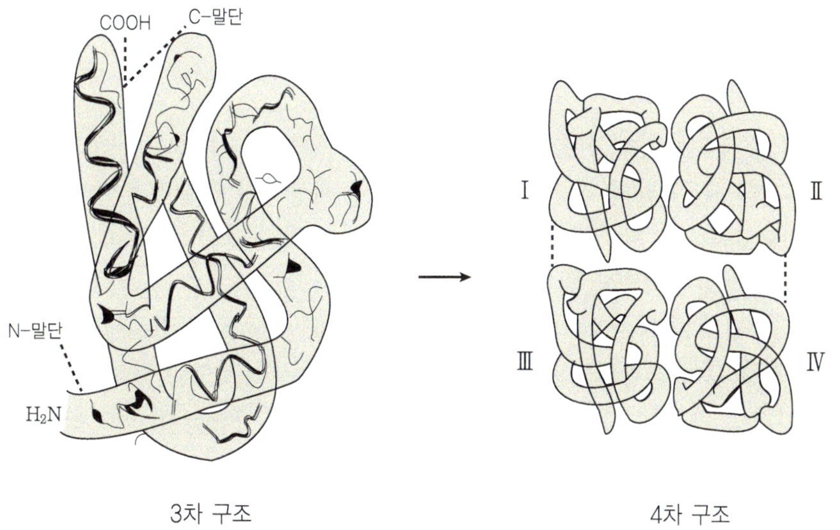

〈단백질의 3차 구조: 구상 단백질 및 소단위(subunit)〉

4) 4차 구조(quaternary structure)

고분자 단백질은 둘 이상의 단백질 구성 분자인 소단위(subunit)가 중합하여 하나의 거대분자의 집합체를 형성하는 것이 4차 구조이며, 이것은 단백질의 생리적 기능을 가지고 있다. 소단위의 개수에 따라 4차 구조를 이루며, 단백질은 이량체부터 1,000 이상의 소단위로 이루어진 것이 있다.

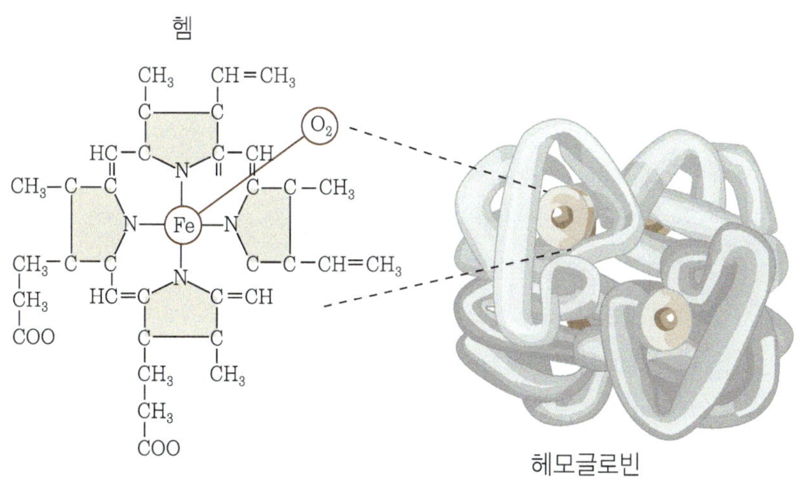

〈단백질의 4차 구조: 헤모글로빈〉

(2) 단백질의 종류

1) 단순단백질(simple protein)

단백질의 최종적 가수분해 산물인 아미노산으로만 구성된 단백질로 구조가 가장 간단하다. 단순단백질은 산, 알칼리, 유기용매 등에 대한 용해성질에 의해 분류된다.

2) 복합단백질(conjugated protein)

아미노산(단순단백질)에 비아미노산 분자(prosthetic group, 보결분자단)인 금속, 탄수화물, 지방, 색소 등이 결합된 단백질이다. 세포 내에서 생리적으로 중요한 활성을 가지며 보결분자단의 종류에 따라 금속 단백질(구리, 아연, 철 등), 당단백질 및 점액단백질(당류), 색소단백질, 인단백질, 지단백질, 핵단백질(핵산)로 분류된다.

3) 유도단백질(derived protein)

천연 단백질이 물리적(열, 빛 등) 및 화학적(효소, 알코올, 산, 알칼리 등) 작용에 의해 부분적으로 변성되어 분해된 단백질로, 그 분해 정도에 따라 제1차 유도단백질과 제2차 유도단백질로 분류된다. 1차 단백질은 물리 · 화학적 변화를 약간 받은 것으로 성질이 전과 다른 변성단백질이다. 2차 단백질(분해단백질)은 1차 유도단백질보다 더욱 변성이 진행되어 단백질이 부분 또는 완전 가수분해 되어 아미노산이 되기 전까지의 중간생성물이다.

〈단백질 조성에 따른 분류〉

종류	특징
단순단백질	
알부민 (albumin)	· 주로 동물의 세포질 또는 체액에 존재 · 물에 용해 / 열에 응고 · 동물성 알부민: 혈청알부민(serum albumin), 미오알부민(myoalbumin, 근육), 락토알부민(lactalbumin, 우유), 오브알부민(ovalbumin, 달걀) · 식물성 알부민: 레구멜린(완두콩), 리신(피마자씨), 류코신(보리씨)
알부미노이드 (albuminoid)	· 중성, 약산, 약알칼리 용액에 불용 · 케라틴(손톱, 발톱, 털), 콜라겐(결체조직)
글로불린 (globulin)	· 주로 동물성 식품에 존재 · 물에 불용 / 약산성, 약알칼리성, 중성 용액에 용해 / 열에 응고 · 혈청 글로불린(serum globulin), 오브글로불린(ovglobulin), 락토글로불린(lactoglobulin), 피브리노겐(fibrinogen)

종류	특징
글루텔린 (glutelin)	· 주로 식물성 식품(곡류)에 존재 · 물, 중성염 용액, 에틸알코올에 불용 / 약산성, 약알칼리성 용액에 용해 · 오리제닌(oryzanine, 쌀), 글루텐(gluten, 소맥)
히스톤 (histone)	· 동물의 염색질에만 존재, 염기성 단백질 · 약알칼리성 용액에 불용 / 물, 약산성 용액에 용해 · 열에 응고되지 않음 / 알칼리성 용액에서 침전
프롤라민 (prolamin)	· 주로 곡류(벼과 식물의 배유)에 존재 · 물, 중성염 용액 불용 · 50~90% 알코올, 글리세롤, 약산성, 약알칼리성 용액에 용해 · 제인(zein, 옥수수), 글리아딘(gliadin, 소맥), 호데인(hordein, 대맥)
복합단백질	
금속단백질	· 주로 효소에 존재 · 알코올 탈수소 효소(alcohol dehydrogenase, ADH), 페리틴(ferritin, 비장)
당단백질 및 점액단백질	· 주로 동물의 세포조직을 보호작용 · 뮤신(mucin, 타액, 난백, 점질물), 뮤코이드(mucoid, 난백)
색소단백질	· 헤모글로빈(hemoglobin, 혈액), 미오글로빈(myoglobin, 근육)
인단백질	· 카제인(casein, 우유), 비텔린(vitelin, 난황)
지단백질	· 리포비텔리닌(lipovitellin, 난황), HDL-콜레스테롤, LDL-콜레스테롤
핵단백질	· 뉴클레오히스톤(nucleohistone, 세포핵), 뉴클레오프로타민(nucleoprotamine, 어류 정자)
유도단백질	
1차 유도단백질	· 젤라틴(gelatin), 프로티안(protean), 메타단백질(metaprotein), 응고단백질
2차 유도단백질	· 프로테오스(proteose), 펩톤(peptone), 펩티드(peptide) 등

(3) 단백질의 성질

1) 단백질의 등전점 및 수화

단백질의 분자크기(dimension)는 10~70μ으로 매우 커서 수용액에서 반투막(셀로판 등)을 통과하지 못하여, 단백질 분자가 수용액에 분산된 상태인 콜로이드 용액(colloidal solution)을 형성한다. 또한 단백질은 양성 전해질이기 때문에 특정 pH에서 단백질분자는 (+), (−) 하전량이 같게 되어 분자는 하전을 띠지 않는다(등전점). 단백질의 등전점은 단백질 종류에 따라 다르며, 등전점에서 단백질분자 사이에 정전기적인 반발력이 발생하지 않아 단백질들은 응집되기 쉽다. 식품과 관계있는 단백질의 등전점은 산성 쪽인 것이 많다.

〈단백질의 등전점〉

단백질 종류	등전점(pI)	단백질 종류	등전점(pI)
펩신(pepsin)	1	혈청 글로불린(serum globulin)	5.4
실크 피브로인(silk fibroin)	2.2	에데스틴(edestin)	5.5~5.6
피브리노겐(fibrinogen), 카제인(casein)	4.6	헤모글로빈(hemoglobin)	6.8
오브알부민(ovalbumin)	4.7	글로빈(globin)	7.5
혈청 알부민(serum albumin), 젤라틴(gelatin)	4.8	히스톤(histone)	9~12
인슐린(insulin)	5.3	프로타민(protamin)	10~12

단백질 분자 내에는 다양한 작용기($-NH_2$, $-COOH$, $-OH$, $-NH_3^+$, $-COO-$, $-CO-$, $-NH-$ 등)를 가지고 있어 수용액 속에서 수화(hydration)되며 특히, 등전점을 벗어난 용액에서 단백질 분자는 더 많이 수화된다. 또한 고농도의 염류 용액에서 단백질 분자와 물분자 사이의 상호작용이 약해져 침전이 일어난다. 즉, 염류가 해리되어 (+), (−) 이온농도가 증가되어 단백질 분자의 전하를 중화(zero)하여 단백질분자 사이에 반발력이 감소되어 응집, 침전된다. 이러한 침전을 염석(salting out)이라 한다.

단백질은 복잡한 구조와 분자량이 크기 때문에 쉽게 정제되지 않으나, 단백질의 등전점, 염석 등의 원리를 이용하여 효과적으로 단백질을 분리 및 정제할 수 있다.

2) 단백질의 변성(denaturation)

단백질을 가열하거나, 강산 또는 강염기 등의 시약을 가하면 불가역적인 변화를 받아 구조의 변형이 일어난다. 단백질이 물리적·화학적 작용에 의해 단백질의 본래의 구조가 변형되어 성질(물리적, 화학적, 생물학적 성질)이 변화되는 현상을 변성(denaturation)이라 한다. 예를 들면 액상단백질인 달걀흰자에 열을 가하면 백색으로 응고되어, 물에 불용성이 된다. 이러한 현상은 달걀알부민의 구상단백질 구조가 파괴되어 변성된 것이다.

생체 내에서 중요한 작용을 하고 있는 효소는 단백질이며, 물리적 작용 및 화학적 작용에 의해 변성이 일어나게 되면, 효소의 생리활성을 잃게 된다. 즉 단백질의 변성은 2차, 3차, 4차 구조가 파괴되는 것이며, 1차 구조까지 파괴되는 것을 단백질의 분해라 한다.

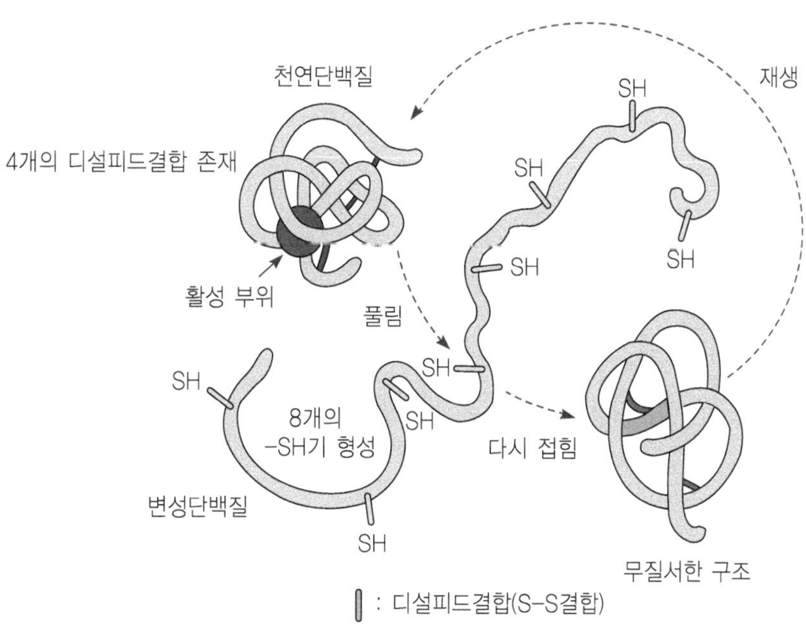

〈단백질 변성과정〉

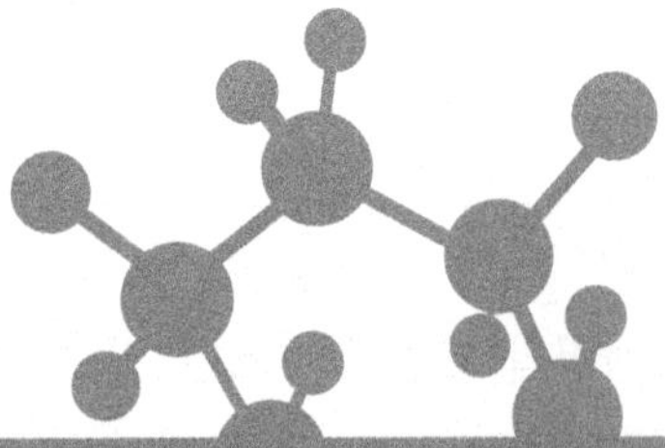

Chapter 11

식품유기화학

1. 비타민
2. 식품의 맛
3. 식품의 색
4. 식품첨가물
5. 식품 속의 산과 염기
6. 식품 속의 발암물질
7. 식품 속의 항암물질

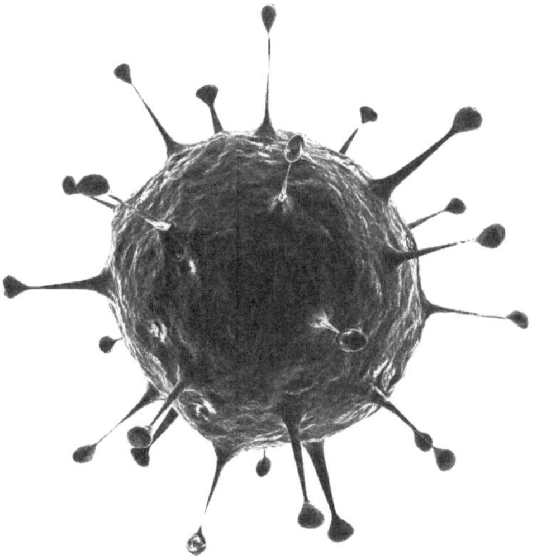

1. 비타민

수세기 전, 인류는 괴혈병, 각기병, 펠라그라, 악성 빈혈 등을 불치병이라고 생각했다. 이러한 질병들은 어떠한 필수성분의 섭취가 부족하여 걸리게 되며, 특정 성분들을 공급해주면 질병으로부터 회복된다는 사실이 20세기 초가 되어서야 과학자들에 의해 밝혀지기 시작했다. 인류는 이 성분들이 생명유지에 필수적이라고 생각하게 되었으며 비타민(vital amine → vitamin)이라고 명명했다.

비타민은 생명을 유지하는 대사 작용에 관여하는 반드시 필요한 주요 영양소이다. 체내에 필요한 양은 매우 미량이지만 자연적으로 합성되지 않으므로 음식을 통해 공급받아야만 정상적인 성장과 생활이 가능한 유기화합물로, 현재까지 알려진 비타민에는 약 20여종이 있으며 우리 체내에서 어떤 비타민이라도 부족해지면 결핍증세가 나타나 병에 걸리거나 심하면 생명을 잃게 된다.

비타민은 지용성 및 수용성으로 나누는데, 지용성 비타민군은 A·D·E·K이고, 수용성 비타민군은 B 복합체와 C이다.

(1) 지용성 비타민

지용성 비타민은 식이지방, 체내 지방의 흡수 및 대사와 관련이 있는 영양소로 A·D·E·K가 있다. 일반적으로 지용성 비타민은 소변으로 배설되지 않고 체내에 저장될 수 있으며 장기간 과잉섭취 시 독성이 나타날 수 있다.

1) 비타민 A

비타민 A란 레티놀(retinol)과 그 에스테르 형태인 레티닐에스테르(retinyl ester)들 그리고 비타민 A의 활성을 갖는 일부 카로티노이드들을 총칭한다. 레티놀과 레티닐에스테르는 동물성 조직에만 있으며 체내에서 전환과정 없이 활성을 나타낸다. 식물에 있는 여러 가지 카로티노이드는 주로 약 600여종 이상이 존재하며, 이중 비타민 A의 전구체(precursor)라고 불리는 몇 가지만 체내에서 레티날이나 레티노익산(retinoic acid)으로 전환되어 비타민 A의 활성을 지닌다. 당근이나 옥수수를 동물에게 먹이면 비타민 A의 효과가 있는 것은 그 속에 카로틴(carotene)이 있기 때문이다.

일반적으로 카로티노이드(carotenoid)는 그 구조식이 비슷하여, α 및 γ-카로틴과 크립토산틴(cryptoxanthin)은 1개의 β-이오논 핵만을 갖고 있지만 β-카로틴은 2개의 β-이오논 핵을 갖고 있어서 다른 카로티노이드에 비해 비타민 A의 활성이 2배가 된다고 알려져 있다.

카로틴은 동물 체내에서 비타민 A로 변화될 수 있으므로 이를 프로비타민 A(provitamin A)라고도 한다. 프로비타민 A의 종류는 아래와 같다.

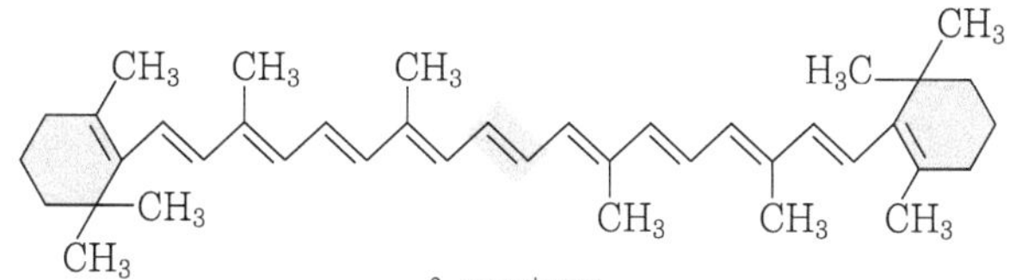

β-carotene

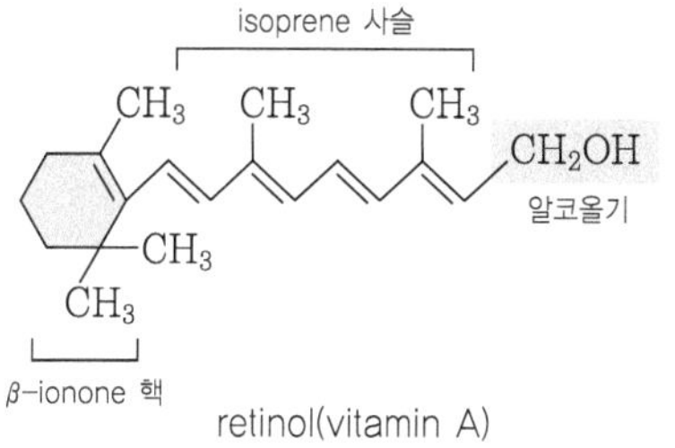

retinol(vitamin A)

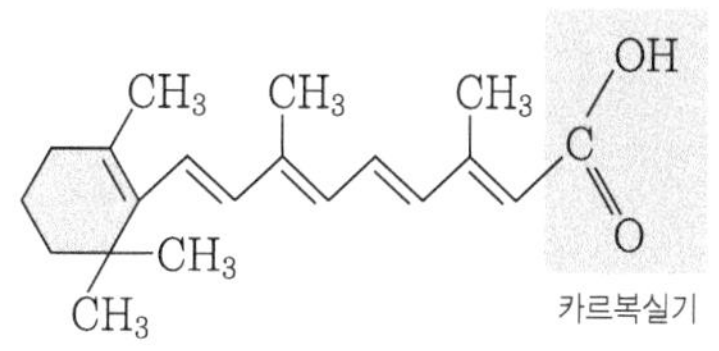

retinoic acid

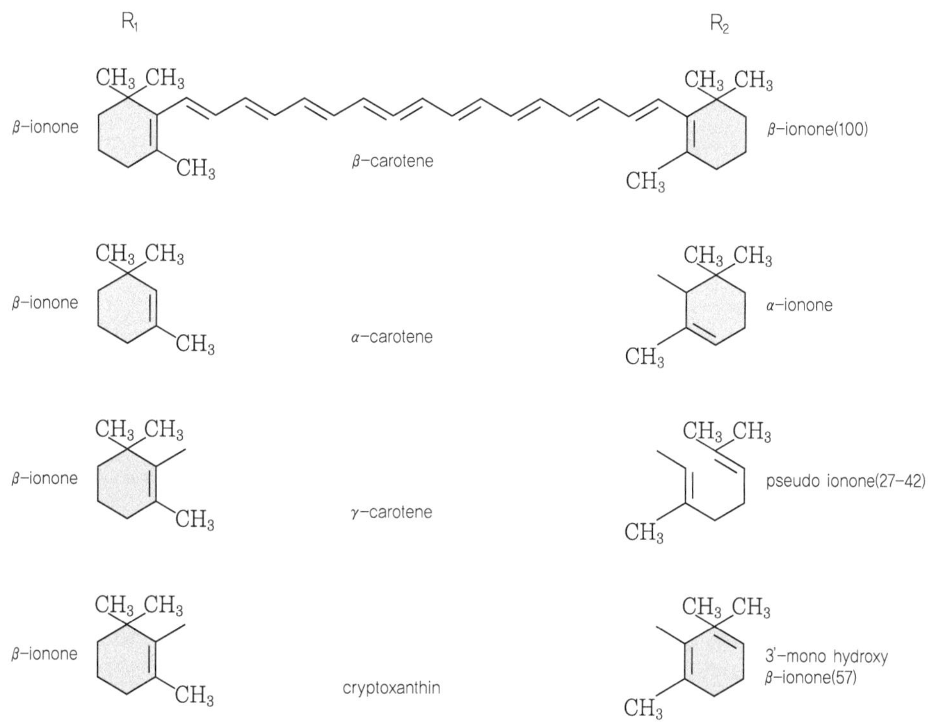

〈프로비타민 A의 종류〉

카로티노이드는 비타민 A에 비하여 체내에서의 흡수율이 나쁘고 지용성이므로 샐러드를 먹을 때 오일(oil)로 만든 드레싱 소스과 함께 곁들이면 흡수에 도움이 된다.

일반적으로 레티노이드(retinoids)라고 하는 것은 비타민 A 및 이와 구조적으로 관련된 물질을 의미하며 여기에는 식품 내 함유된 레티놀이나 레티닐에스테르, 카로티노이드와 같은 물질이 포함된다. 이들은 피부질환이나 피부의 노화방지 또는 특정 암의 치료에 쓰이고 있다. 천연 카로티노이드 중에서는 약 50가지 정도만 생리활성을 지닌다고 알려져 있다.

식물성 식품에서 β-카로틴은 녹황색 채소 즉 당근, 시금치, 고춧잎, 파래, 김, 풋고추 등에 많이 함유되어 있으며, 동물성 식품에서 비타민 A는 해산동물이나 간유 중에 특히 많이 들어 있다.

2) 비타민 D

비타민 D는 비타민 D의 활성을 가진 화합물들의 총칭으로 비타민 D_2(ergocalciferol)와 비타민 D_3(cholecalciferol)가 대표적이다. 비타민 D는 다른 비타민과는 다르게 체내에서 합성이 가능한데, 비타민 D_3는 피부에서 7-디하이드로콜레스테롤(dehydrocholesterol)에 자외선을 조사하며 합성된다.

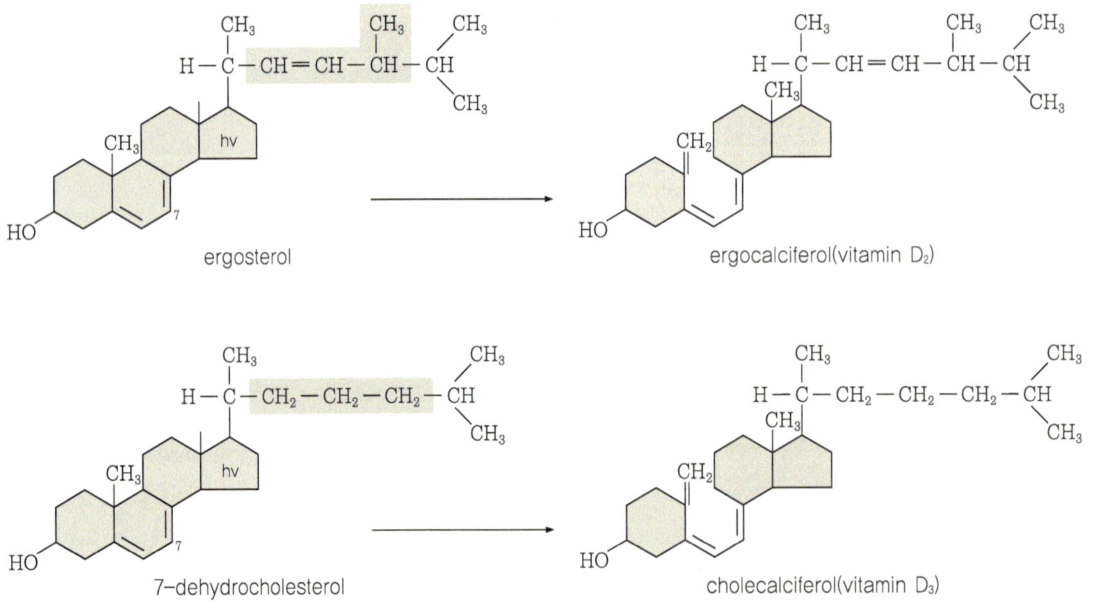

〈동물과 식물에서의 비타민 D의 형성〉

햇빛을 충분히 받지 못하는 경우에는 비타민 D가 함유된 식품이나 보충제를 섭취하여야 한다. 비타민 D_3는 정어리, 가다랑어, 방어, 고등어와 같은 동물성 급원으로부터, 비타민 D_2는 버섯류 즉 표고버섯, 송이버섯과 효모와 같은 식물성 급원으로부터 각각 얻을 수 있다.

3) 비타민 E

비타민 E는 토코페롤(tocopherol)이라 부르며, 열에 가장 강하고 항산화성을 갖고 있기 때문에 불포화지방산과 비타민 A 등의 항산화제로서 이용된다. 또 철의 흡수를 도와주며, 노화를 방지하는 등 중요한 비타민이다.

비타민 E는 이소프렌(isoprene)쇄와 크로만(chroman)핵이 결합한 화합물로서 4개의 토코페롤(α, β, γ, δ)과 4개의 토코트리에놀(α, β, γ, δ)을 포함한 8개의 천연화합물로 구성되어 있다. 이들은 메틸기의 위치와 곁가지의 불포화도에 의해 구조가 달라지며 가장 활성이 큰 비타민은 α-토코페롤이다.

비타민 E는 일반적으로 곡류, 특히 맥류, 옥수수의 배아에 많으며, 그 밖에 달걀, 버터, 완두콩, 땅콩, 양상추, 녹엽, 식물류에 많이 분포되어 있다.

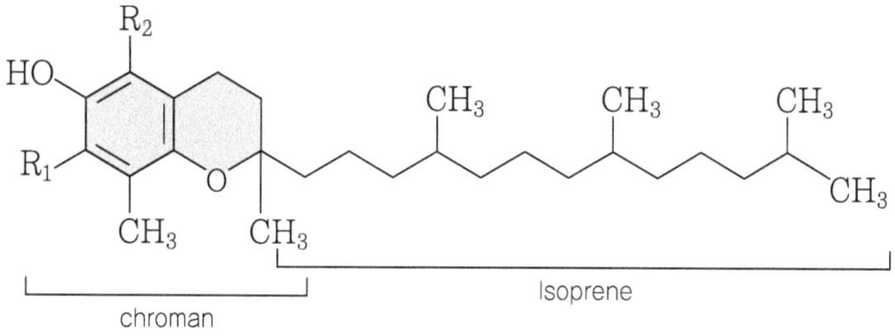

4) 비타민 K

비타민 K는 혈액응고와 관련된 비타민으로 양배추나 알파파 등 녹색 잎 중에 존재하는 필로퀴논(K_1, Phylloquinone)과 생선기름과 육류에서 발견된 메나퀴논(K_2, Menaquinone)이 있다. 긴 가지 사슬을 갖지 않는 2-메틸-1,4-나프토퀴논은 합성된 메나디온(비타민 K_3, menadione)으로서 비타민 K 중에서 가장 활성이 크다.

출혈이 발생하면 출혈을 막기 위한 혈액응고인자들이 활성화되어야 한다. 그러나 일부 혈액응고인자들은 간에서 불활성형으로 합성되며, 이를 활성화시키는데 비타민 K가 필요하다. 즉, 비타민 K는 혈액응고인자인 트롬빈(thrombin)의 전구체인 프로트롬빈(prothrombin)을 활성화시킨다. 활성화된 프로트롬빈은 혈액응고작용의 또 다른 필수 인자인 칼슘과 결합하여 혈액을 응고시켜 출혈을 막는 효과가 있다.

상처가 나면 혈소판에서 트롬보플라스틴(thromoboplastin)과 Ca^{++} 출현

↓

프로트롬빈(prothrombin) ⟶ 트롬빈(thrombin)

↓

피브리노겐(fibrinogen) ⟶ 피브린(fibrin)

〈지용성 비타민의 생리작용과 결핍증〉

명칭	화학물질	생리작용	결핍증
A (carotene)	retinol axerophthol	발육을 촉진하고 상피세포를 보호하며, 시각기능에 관여	야맹증, 안구건조증, 각막 연화증, 성장장애
D	calciferol	칼슘(Ca), 인(P)의 대사를 조절하며, 골조직의 형성에 작용	구루병(어린이), 골연화증 및 골다공증(성인)
E	tocopherol	생식기능의 정상화, 세포의 손상을 막는 항산화작용	적혈구 용혈, 불임증, 근육위축증 (신경파괴)
K	phylloquinone	혈액 중의 프로트롬빈 양을 정상적으로 유지하여 혈액응고	출혈

(2) 수용성 비타민

기름에 잘 녹지 않고 비교적 물에 잘 녹는 성질을 가진 비타민으로, 비타민 B군(B_1, B_2, B_6, B_{12}, 나이아신, 판토텐산, 엽산, 비오틴 등)과 비타민 C를 말한다.

〈수용성 비타민의 생리작용과 결핍증〉

명칭	화학물질	생리작용	결핍증
엽산	folic acid	항빈혈작용을 가지며 성장을 촉진한다.	빈혈
나이아신	niacin	탄수화물 대사를 촉진하며, pellagra 피부염을 예방한다.	펠라그라
판토텐산	pantothenic acid	체조직의 기능을 정상으로 유지한다.	피부염
비오틴	biotin	지방형성과 에너지생성에 관여한다.	피부염, 모발손상

〈비타민 B군의 생리작용과 결핍증〉

명칭	화학물질	생리작용	결핍증
B_1	thiamine (aneurin)	탄수화물의 대사를 촉진하며 식용 및 소화기능을 자극하고, 신경기능을 조절한다.	피로, 권태, 식욕부진, 각기, 신경염, 신경통
B_2	riboflavin	발육을 촉진하며, 식욕을 증진, 입안의 점막을 보호한다. 체내에서 일어나는 산화, 환원반응에 작용한다.	발육저해, 구강염, 설염, 구각염, 위장장애
B_6	pyridoxine	단백질 대사에 작용하며 피부질환, 빈혈 증상에 대해 효과가 있으며, 지방합성에도 관여한다.	피부염, 습진, 기관지염
B_{12}	cyanocobalamin	증혈작용이 있으며, 성장 촉진작용도 인정된다.	악성빈혈, 간장질환

1) 비타민 B_1

비타민 B_1은 티아민(thiamine)이라고 부르며, 질소를 함유하는 6원자 고리구조인 피리미딘(pyrimidine)핵과 황을 함유하는 5원자 고리구조인 티아졸(thiazol)핵이 $-CH_2-$(메틸렌기)로 결합된 것이며, 우측에 알코올기가 붙어 있는 화합물이다.

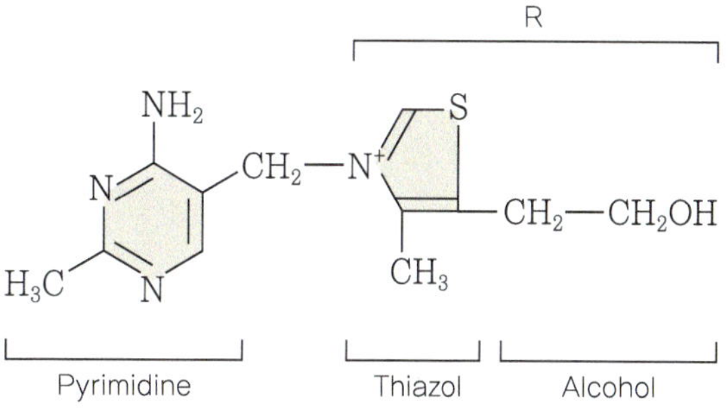

티아민은 장시간 가열조리하게되면 비타민으로서의 기능을 잃는데 이는 분자 내에 있는 양쪽 고리구조와 메틸렌기 사이의 화학결합이 쉽게 끊어지기 때문이다. 또한 pH 8 이상의 알칼리 조건에서도 파괴되므로 콩의 녹색을 선명하게 할 목적으로 식소다를 첨가하는 것은 바람직하지 못하다.

비타민 B_1 유도체로는 알리티아민(allithiamine)이 있는데 마늘의 향기 성분인 알리신이 비타민 B_1과 결합하여 알리티아민으로 변화되며, 인체 내에서 흡수가 잘 되고 생리작용도 우수하기 때문에 합성하여 의약품으로 널리 이용된다. 또한 티아민은 파이로인산(pyrophosphate) 유도체로 되어 당질 대사에 중요하게 관여한다. 현미, 대두, 밀은 비타민 B_1 함량이 높지만 배아가 제거되기 때문에 손실이 많다. 그러므로 강화미를 이용한다.

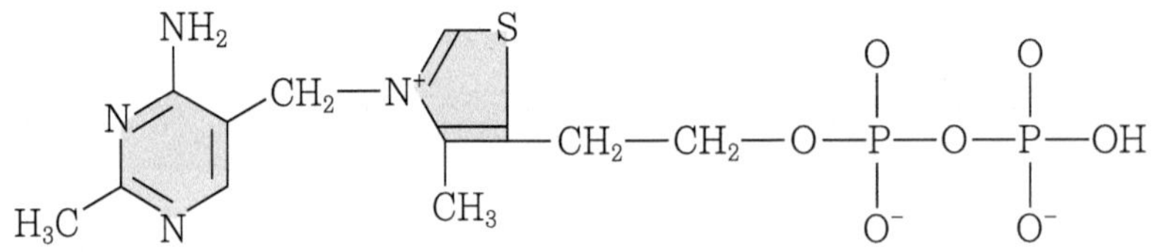

thiamine pyrophosphate(TPP, thiamine diphosphate)

2) 비타민 B_2

비타민 B_2는 리보플라빈이라고도 부르며, 빛에는 불안정하지만 열에는 비교적 강하다. 리보플라빈은 3개의 6환 고리가 연결되어 있는 구조인 플라빈 고리의 가운데 고리구조에 당의 환원형인 리비톨이 결합되어 있는 화학구조를 갖는다.

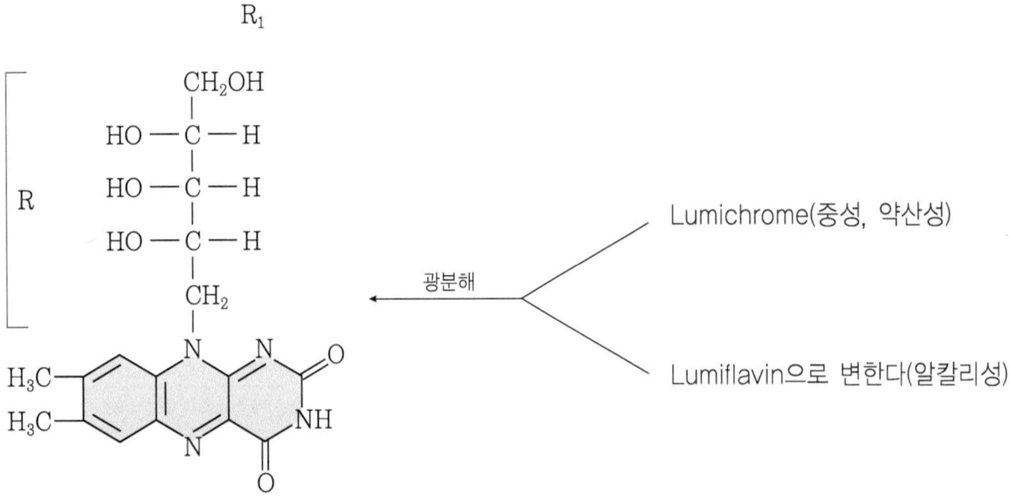

비타민 B_2 isoalloxanzine 핵

리보플라빈, 티아민, 나이아신은 동일 식품에 동시에 함유되어 있어서 리보플라빈만 단독으로 결핍되어 결핍증세가 나는 경우는 드물다. 우유, 요구르트, 치즈는 리보플라빈이 가장 풍부한 식품이며 간, 버섯, 시금치 및 엽채류, 브로콜리 등에도 많이 분포되어 있다.

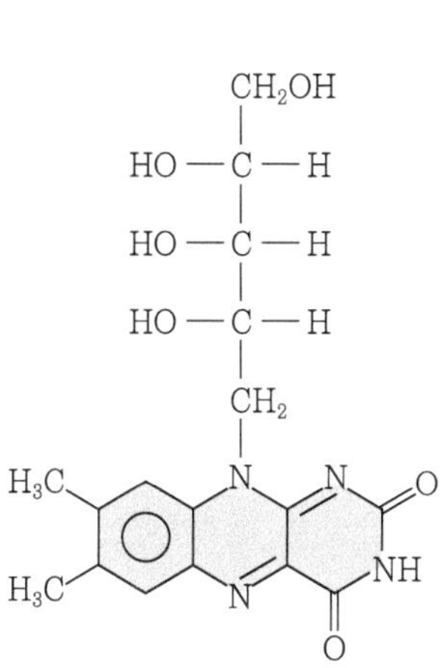

리보플라빈

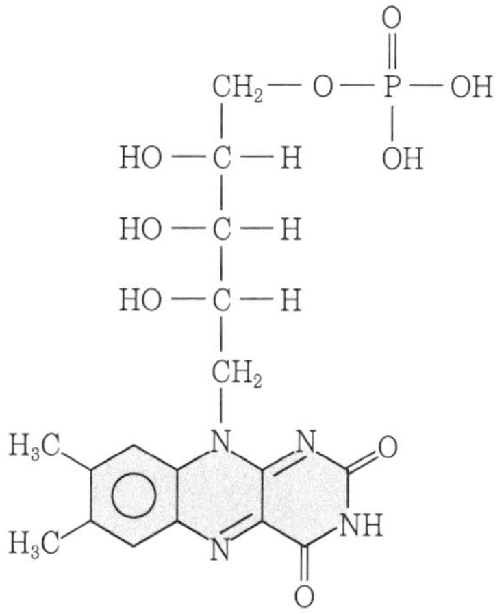

FMN

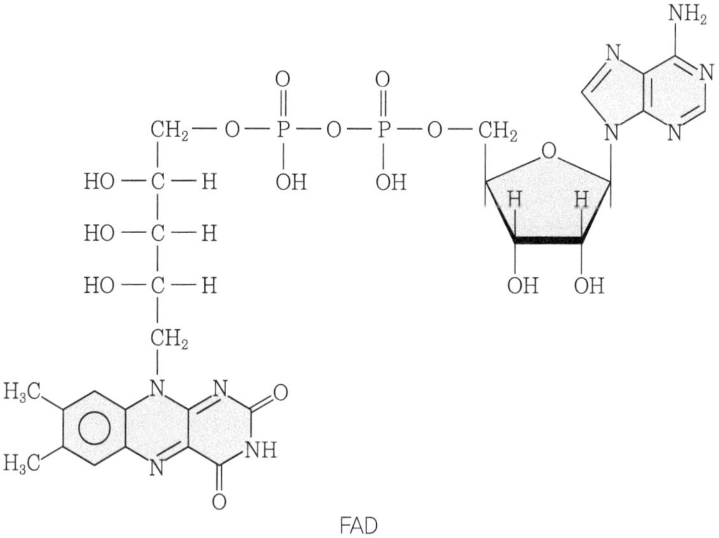

FAD

3) 비타민 B_6

비타민 B_6의 기능을 갖고 자연계에 존재하는 물질은 피리독신(pyridoxin), 피리독살(pyridoxal), 피리독사민(pyridoxamine) 등 세 가지가 있고 모두 조직 중에 인산 에스테르로 존재한다. 비타민 B_6는 단백질 결합체로 존재하며 아미노산 대사의 조효소로 작용한다.

도정과정에서 손실되고 열과 알칼리에 불안정하므로 정제, 가공된 음식을 주로 먹는 사람들에게 결핍증이 나타날 수 있다. 바나나, 가금류, 해바라기씨, 브로콜리, 쌀겨, 간, 배아에 많이 분포되어 있다.

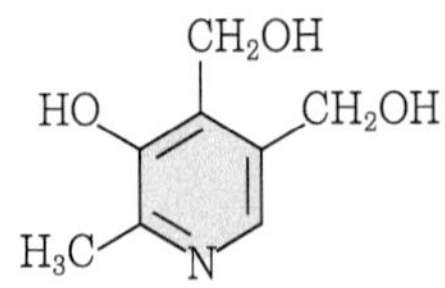

Pyridoxine

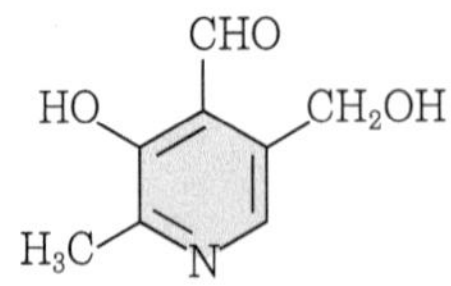

Pyridoxal

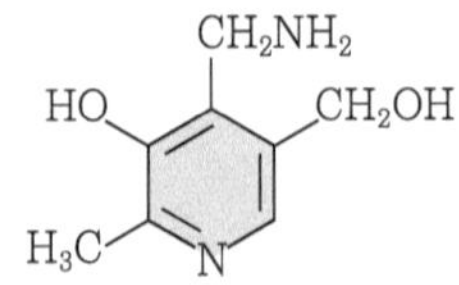

Pyridoxamine

4) 비타민 B_{12}

비타민 B_{12}(cyanocobalamin)는 코린고리의 중앙에 코발트를 결합하고 있는 구조이며, 물에 녹아 적색이 되고 빛, 열, 산에는 안정하다. 비타민 B_{12}는 동물성 식품에만 함유되어 있어 채식주의자들은 건강을 유지하기 위하여 비타민 B_{12}를 보충 섭취해야 한다. 간, 우유, 달걀, 해조류에 많이 들어 있으며, 다른 비타민 B군과 비교하면 필요량은 아주 적다.

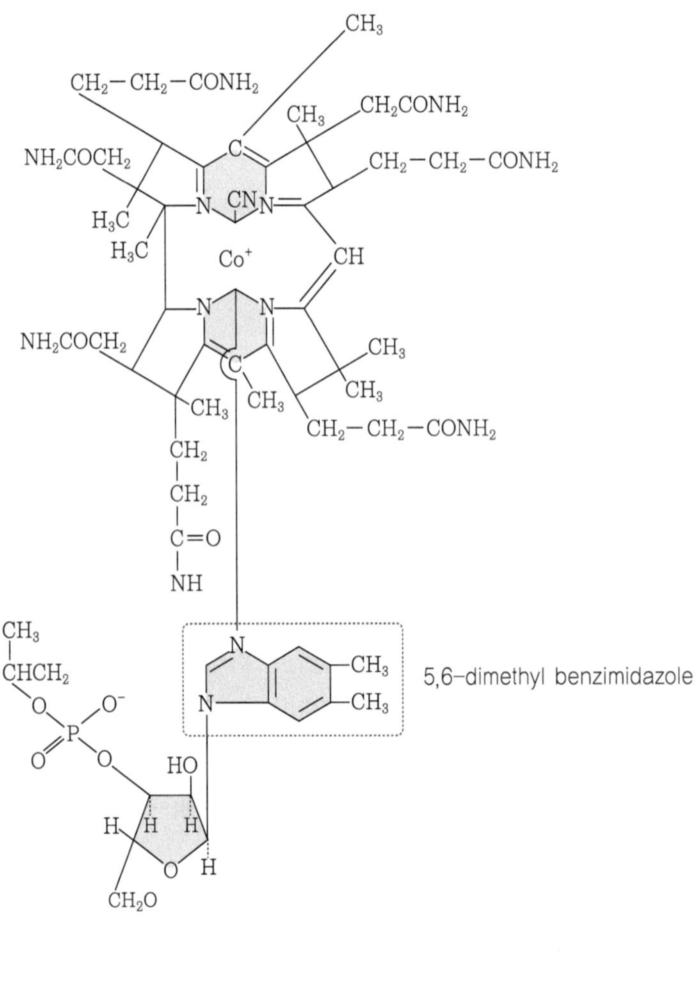

5) 엽산(folic acid)

엽산은 비타민 B군에 속하며 글루탐산, p-아미노벤조산과 결합된 구조를 갖는 프테리딘(pteridine) 화합물로, 조효소로서 작용한다. 시금치와 같은 짙푸른 잎채소, 브로콜리, 간, 육류, 밀배아, 오렌지주스, 두류에 많이 들어 있다.

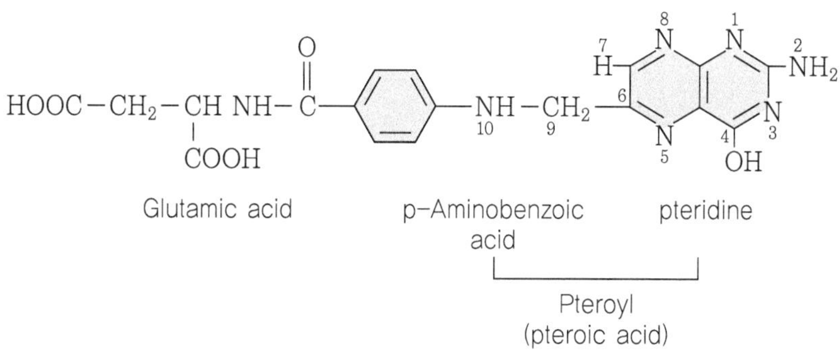

〈Folic acid(folacin)의 구조〉

6) 나이아신

나이아신(niacin)은 니코틴산이라고도 부르며, 니코틴산(nicotinic acid)과 니코틴아미드(nicotinamide)로 존재하며 카르복실기(-COOH) 또는 아미노기(-NH_2)를 갖고 있다. 나이아신은 피부염 펠라그라에 관계하는 비타민이다. 산, 알칼리, 열, 빛에 안정하다.

나이아신은 동물 체내에서 조효소의 한 구성성분인 nicotinamide adenine dinucleotide(NAD) 또는 nicotinamide adenine dinucleotide phosphate(NADP)의 형태로 존재한다. 식품 중에 널리 분포되어 있으며, 버섯, 참치, 고등어, 닭고기, 콩류, 곡류의 배아에 다량 함유되어 있다.

7) 판토텐산

판토텐산은 coenzyme A(HS-CoA)와 아실기 운반단백질(acyl carrier protein, ACP)의 구성성분으로 당질대사 등에서 중요한 역할을 갖는다. 열에 약하며 빛, 공기에 안정하다. 판토텐산의 어원이 'everywhere'인 것처럼 자연계에 널리 분포되어 있으며, 버섯, 간, 육류, 땅콩, 콩, 전곡, 감자에 풍부하나 우유, 채소, 과일에는 소량 함유되어 있다.

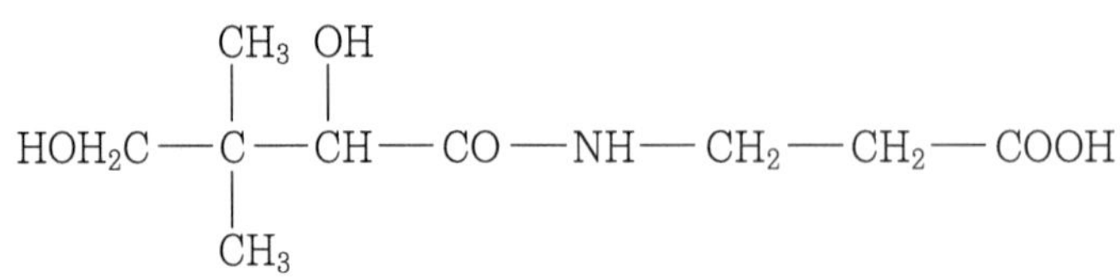

Pantothenic acid

8) 비타민 C

비타민 C는 아스코르브산(ascorbic acid)이라고도 부르며, 산성용액이나 건조 상태에서는 비교적 안정적이나 열, 알칼리에는 불안정하여 산화되기 매우 쉽다. 특히 선도와 밀접한 관계를 갖는 채소, 과일은 시간이 지남에 따라 서서히 감소된다.

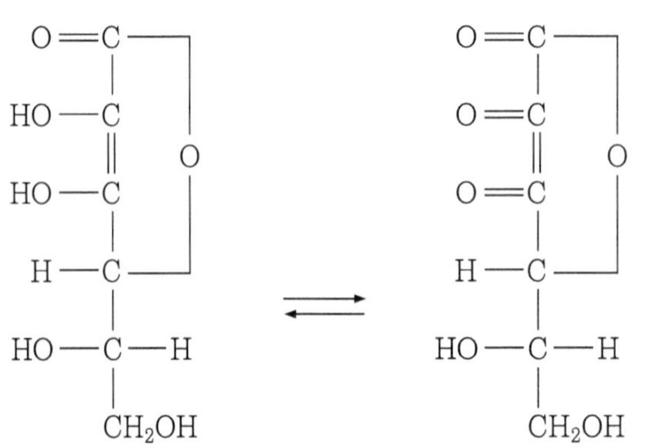

L-ascorbic acid
(환원형)
생리적 효과1

L-dehydro ascorbic acid
(산화형)
생리적 효과1/2

체내에서 비타민 C활성을 지니는 물질로는 환원형(L-ascorbic acid)과 산화형(L-dehydroascorbic acid)이 있으며 이 두 형태가 상호 전환된다. Ascorbinase(ascorbic acid 산화효소)는 아스코르브산을 산화하여 산화형으로 되면 비타민 C의 생리적 효과는 30~50%로 감소되고 산화분해가 더 진행되면 비타민 C 효과가 거의 없어진다. 보통 이 효소는 식품 내에서 불활성상태이지만 마쇄 등에 의하여 세포가 파괴되면 활성화되어 산화된다. 비타민 C는 쉽게 산화되므로 준비, 조리 및 가공과정, 계절적 변화에 민감하다.

주된 급원식품은 신선한 감귤류와 녹색채소로 귤, 오렌지, 호박, 오이의 껍질에 특히 많으며, 당근, 옥수수, 메론, 완두, 꽃양배추, 양상추 등의 채소에 분포되어 있다.

채소나 과일에 함유된 아스코르브산은 비타민 C의 활성은 없지만 신체 내에서 항산화제로 작용하는 천연항산화제이다. 그러나 구리(Cu), 철(Fe) 등의 금속이 미량 존재하면 산화는 촉진된다.

2. 식품의 맛

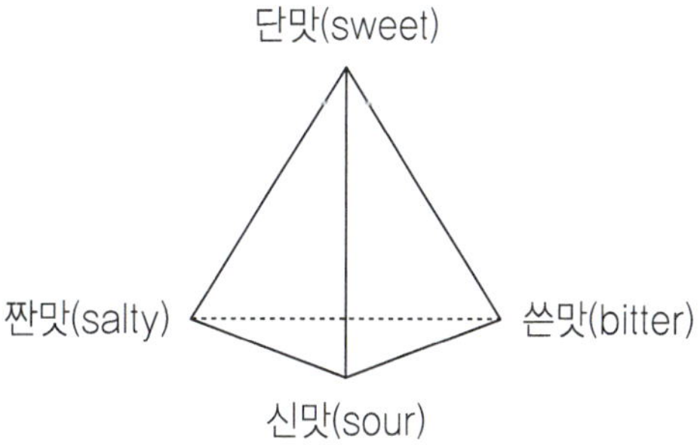

식품의 맛은 색깔, 냄새와 함께 식품의 기호적 가치뿐만 아니라 식품의 품질을 결정하여 주는 하나의 중요한 유기화합물이다.

H. Henning(독일 과학자)은 단맛(sweet taste), 신맛(sour taste), 쓴맛(bitter taste), 짠맛(saline taste)을 4가지의 기본적인 맛으로 하여 맛의 사면체를 만들고 이외의 모든 맛을 이 사면체에 포함된 공간 중의 한 점에 배치할 수 있다고 하였다.

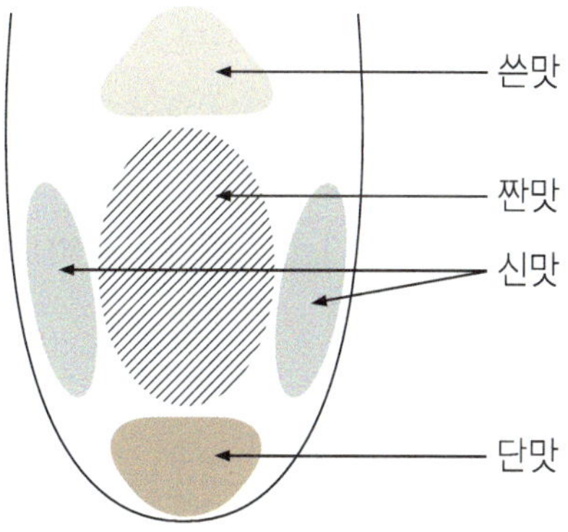

〈맛을 느끼는 혀의 부위〉

그 밖에도 우리 식생활 중에는 매운맛, 떫은맛, 구수한 맛 등 자주 경험하는 맛이 있으나 보통 맛의 분류에는 포함시키지 않는다.

맛을 지닌 물질이 입에 들어오면 혀의 표면에 분포하고 있는 유두 중의 미뢰에 존재하는 미세포에 흡착하게 되고, 이로 인하여 미세포의 전위가 변화되어 미신경에 전기적 충격이 발생한다. 이러한 맛의 신호가 되어 대뇌에 전달되면 맛을 감지하게 된다.

이처럼 맛은 미뢰의 미세포를 통해 감지되지만 혀의 부위에 따라 맛에 대한 감수성이 다소 다르다. 주로 단맛은 혀의 앞부분, 쓴맛은 혀의 뒷부분, 신맛은 가장자리, 짠맛은 혀의 앞 양쪽 가장자리에서 가장 예민하게 느껴진다.

(1) 설탕과 감미도

당류 중에서 단맛을 지니고 있는 것은 단당류, 이당류 및 이들의 유도체(당알코올 등)이다. 일반적으로 당류는 단맛을 갖고 있으며, 당류의 종류, 이성질체 등에 따라 단맛의 차이가 있다.

설탕은 이성질체가 없어 시간, 온도에 따라 감미도가 변화하지 않고 언제나 일정한 단맛을 갖고 있기 때문에 단맛을 갖는 물질들이 상대적 감미도(relative sweetness)를 측정하는 표준물질이 되고 있다.

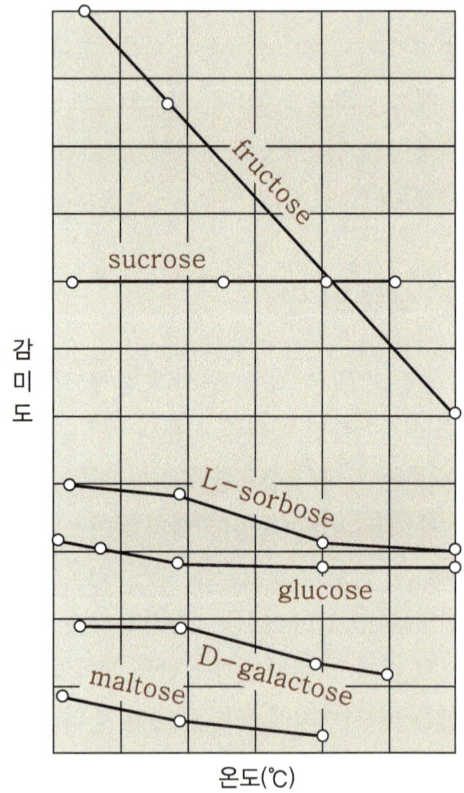

감미도는 온도에 의해서 영향을 받는다. 예를 들면, 과당은 β형이 α형보다 약 3배나 더 달다. 과당의 함량은 일정하지만 수용액 중에서 과당은 β과당 ⇔ α과당의 상태로 존재하며, 저온에서는 β형으로, 고온에서는 α형으로 이행하기 때문에 온도에 따라 단맛이 달라진다. 과일 속에 있는 과당의 β형과 α형 비율이 온도에 따라 변화하기 때문에 같은 과일이라도 단맛의 차이가 생기는 것이다. 온도가 내려가면 α형이 β형으로 바뀌어 과일 속에 β형이 많아지며, 반대로 온도가 올라가면 α형이 많아진다. 따라서 과일을 차갑게 하면 같은 과일이라도 더 달게 느껴진다.

1) 아스파탐과 사카린

아스파탐은 2개의 아미노산으로 이루어진 펩티드의 에스테르 화합물인 L-aspartic acid와 L-phenylalanine의 메틸에스테르이며, 감미도는 설탕의 170~230배이다. 설탕의 감미와 아주 유사하고 상쾌한 맛을 가지며 설탕, 과당, 포도당 등과 혼합할 경우 상승효과(synergistic effect)가 있다. 우리나라에서도 식품첨가물로서 허가되고 있으며, 새로운 감미료로 기대되고 있다.

사카린은 인공 감미료로서 세계 각국에서 널리 사용하고 있으며, 보통 sodium saccharin (용성 사카린)으로 하여 감미료로 이용하고 있다. 단맛은 사용농도, 온도에 따라 다르나, 대체로 설탕의 300~500배의 감미를 지닌다. 사카린의 독성에 관한 연구결과 다량 섭취하면 소화효소의 작용이 방해되며 신장장애를 가져온다고 하여 일부식품에는 사용을 금하고 있다.

(2) 단맛의 성분

단맛을 갖는 화합물은 자연계에 다수 존재하는데, 대표적인 설탕 이외에 당류, 당알코올, 배당체 일부 아미노산, 펩티드 및 단백질 등이 있다. 합성 감미료에는 아스파탐(aspartame), 사카린(saccharin)이 있다.

(3) 신맛 성분

신맛은 대체로 향기를 동반하는 경우가 많으며, 미각을 자극시키고 식욕을 증진시켜 주는 작용을 한다.

신맛은 해리된 수소이온(H^+)의 맛이다. 수소이온이 혀 점막에 닿으면, 신맛이 느껴지지만 수소이온은 점막 중에서 빨리 중화되기 때문에 신맛의 느낌은 곧 사라진다. 신맛의 강도는 pH와 정비례하지 않는데 그 예로 짠맛을 내는 간장의 pH가 3~4 이다.

신맛 성분에는 무기산, 유기산 및 산성염 등이 있다. 우리들이 항상 섭취하는 신맛은 초산(acetic acid), 젖산(lactic acid), 호박산(succinic acid), 사과산(malic acid), 주석산(tartaric acid), 구연산(citric acid) 등이다. 이와 같은 산은 식품에 신맛을 부여하는 동시에 식품의 pH를 낮추어 식품의 부패를 방지하는 효과도 있다. 또 과일에 함유되어 있는 사과산, 구연산 등은 과일 특유의 풍미를 부여하기도 한다.

무기산 중에서 식품에 이용되는 것은 탄산과 인산으로 전자는 청량음료와 맥주에, 후자는 청량음료에 사용된다. 이들은 약산으로 용액 중에서 해리되어 신맛을 나타낸다.

〈우리나라에서 허가된 산미료의 종류〉

산미료	구조식	용도
구연산(citric acid)	CH_2-COOH | $HO-C-COOH$ | CH_2-COOH	청량음료, 치즈, 잼, 젤리 등
빙초산(glacial acetic acid)	CH_3COOH	피클, 케첩, 사과 시럽 등
사과산(malic acid)	$HO_3-CH-COOH$ | CH_2-COOH	젤리, 과자의 산미료, 마가린, 마요네즈 등
젖산(lactic acid)	$CH_3-CH-COOH$ | OH	산미료는 물론 식품공업에 널리 사용
주석산(tartaric acid)	$HO-CH-COOH$ | $HO-CH-COOH$	청량음료, 젤리, 잼 등
초산(acetic acid)	CH_3COOH	3~5%로 널리 사용
호박산(succinic acid)	CH_2-COOH | CH_2-COOH	주로 청주, 합성청주, 된장, 간장 등
푸마르산(fumaric acid)	$CH-COOH$ ‖ $HOOC-CH$	분말주스, 김치, 청량음료, 과일통조림

(4) 쓴맛 성분

식품에 쓴맛이 많이 함유되어 있으면 불쾌하게 느껴지지만, 미량으로 존재할 때는 식품의 맛을 강화시켜 주기도 한다. 커피, 코코아, 차, 맥주, 초콜릿 등의 쓴맛이 그 예이다.

쓴맛을 나타내는 화합물은 알칼로이드(alkaloid), 테르펜(terpene) 배당체, 아미노산, 펩티드(peptide) 등 다수 존재하지만, 강한 쓴맛을 나타내는 화합물에는 알칼로이드인 퀴닌(quinine)과 스트리키닌(strychnine), 배당체는 주로 과일이나 채소의 쓴맛 성분으로 감귤류의 나린진, 오이 꼭지 부위에 들어 있는 큐커비타신, 양파껍질의 퀘르세틴 등이 있다. 나린진은 밀감, 자몽의 통조림이나 주스를 제조할 때 쓴맛의 원인이 되는 물질이다. 케톤류로서는 홉암꽃 중에 존재하는 휴물론류와 루풀론류가 있다. 무기염류에는 황산마그네슘(magnesium sulfate) 등이 있다.

〈식품의 쓴맛 성분〉

식품명	쓴맛 성질
차	카페인(caffeine), 테오브로민(theobromine), 탄닌(tannin), 퀘르세틴(quercetin)
커피	카페인(caffeine), 탄닌(tannin), 클로로겐산(chlorogenic acid)
카카오, 초콜릿	테오브로민(theobromine)
감귤류	리모닌(limonin), 나린진(naringin)
오이	큐커비타신(cucurbitacin, 약 20종류의 이성질체가 있다)
호프	휴물론(humulon), 루풀론(lupulone), 이소휴물론(isohumulone), 이소코휴물론(isocohumulone), 이소애드휴물론(isoadhumulone)
고구마 흑반병	이포메아마론(ipomeamarone)
토마토종자·땅콩, 아스파라거스	사포닌(saponin)

(5) 짠맛 성분

짠맛은 음식물의 맛을 맞출 때에 기본이 되는 맛이다. 짠맛을 나타내는 물질에는 염화나트륨(NaCl), 염화칼륨(KCl), 염화리듐(LiCl), 염화마그네슘($MgCl_2$), 염화브롬(NaBr) 등의 중성염이 많으며, 그 중에서도 NaCl(식염)은 짠맛을 나타내는 대표적인 물질이다.

식염의 짠맛은 NaCl이 나트륨이온(Na^+)과 염화이온(Cl^-)으로 해리되었을 때 염화이온에 의한 것이고, 나트륨이온은 이 짠맛을 더욱 강하게 하는 역할을 하며 약간의 쓴맛도 나타난다. 식염 이외의 중성염은 대체로 쓴맛을 함께 갖는다.

식염과 비슷한 짠맛을 지니고 있는 화학적 물질로는 사과산염(sodium malate, sodium malonate) 글루콘산나트륨(sodium gluconate) 등의 유기산염이 있다. 이러한 물질들은 신장병, 간장병, 고혈압 등의 식염제한 환자에게 식염 대용으로 사용되거나 무염간장 제조에 사용된다. 신장병에 나트륨 이온이 영향을 주는 것으로 밝혀져 있기 때문에 최근 이와 같은 용도로 염화칼륨이 사용되고 있다.

(6) 맛난 맛 성분

다시마와 멸치 등을 삶아서 우려낸 국물은 4가지 기본적인 맛의 어느 것에도 속하지 않는 독특한 맛을 나타내기 때문에 이것을 맛난 맛으로 구별하고 있다.

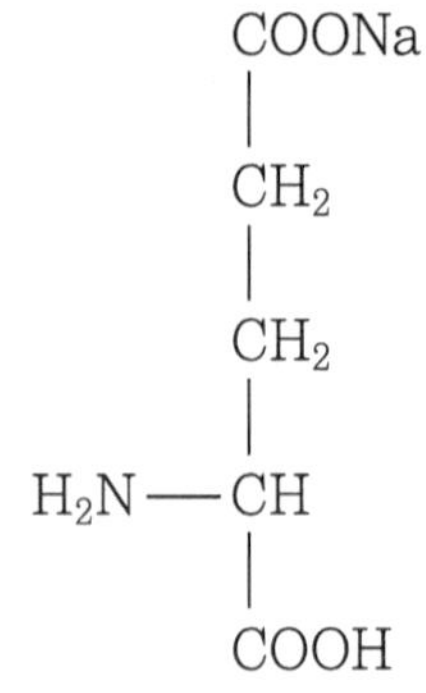

Monosodium L-glutamate

맛난 맛을 지니는 물질에는 아미노산, 핵산계 물질, 유기산 등이 있으며, 맛난 맛을 지니는 물질 중 중요한 것은 아미노산 중에 다시마 맛을 지니는 물질인 monosodium glutamate(MSG)로 특유의 맛난 맛을 지니며, 역가(threshold value)는 0.03%로 설탕(0.5%)이나 식염(0.15%)과 비교하였을 때 그 맛이 대단히 강하다.

또한 글루탐산의 유도체로 맛난 맛을 나타내는 것이 있다. 글루탐산의 에틸아민인 테아닌은 차의 맛난 맛 성분으로 그 역가는 0.15%이다.

맛난 맛을 지니는 핵산계 물질에는 5'-GMP와 5'-IMP, 5'-XMP와 같은 뉴클레오티드류가 있으며, 5'-GMP가 5'-IMP보다 2~3배의 맛난 맛을 지닌다.

유기산들 중에 호박산(succinic acid)은 특히 조개류의 맛난 맛의 주성분이며, 동식물계에 분포되어 있다. 호박산 나트륨은 1나트륨염 및 2나트륨염이 사용되고 있다.

(7) 매운맛

미각신경을 강하게 자극함으로써 생기는 일종의 통각(pain feeling)인 것으로 생각된다. 적당한 매운맛은 미각신경을 자극하여 식욕을 증진시킨다.

식품 중의 매운맛 성분을 산 아마이드(amide)류, 황화합물, 황화알릴(allyl)류, 방향족 알데하이드(aldehyde) 및 케톤(ketone)류와 아민(amine)류로 대별할 수 있다.

〈매운맛 성분의 종류〉

종류		함유식품
산 amide류	캡사이신(capsaicine)	고추
	차비신(chavicine)	후추
황화합물	겨자유[芥子油]	흑겨자, 고추냉이, 무
	알릴 이소티아시아네이트 (allyl isothiocyanate)	
황화 알릴류	알리신(allicin)	마늘, 양파
	디메틸설파이드 (dimethyl sulfide)	파래, 고사리, 아스파라거스, 파슬리
방향족 알데하이드 및 케톤류	신나믹 알데하이드 (cinnamic aldehyde)	육계(肉桂)
	진저론(zingerone), 쇼가올(shogaol), 진저롤(gingerol)	생강(生薑)
	큐커민(curcumin)	울금(카레가루)
아민류	히스타민(histamine)	썩은 생선, 변패간장
	티라민(tyramine)	

(8) 떫은맛

혀 표면에 있는 점성단백질이 일시적으로 변성, 응고되어 미각신경이 마비됨으로써 일어나는 수렴성(astringency)의 불쾌한 맛이다. 대부분의 경우 불쾌한 맛이지만 차에서와 같이 떫은맛이 적당히 존재하면 맛난 맛을 강하게 하는 역할을 하기도 한다.

떫은맛의 본체는 주로 탄닌류의 물질로서 폴리페놀성 화합물이다. 차의 떫은맛은 에피카테킨(epicatechin), 에피카테킨 갈레이트(epicatechin gallate) 등 6종류의 탄닌물질에 의한 것이며, 감의 떫은맛은 시부올(shibuol), 밤의 떫은맛은 엘라그산(ellagic acid)이다.

(9) 아린 맛

혀를 자극하는 쓴맛과 떫은맛이 혼합된 것과 같은 불쾌감을 주는 맛이다. 죽순, 고사리, 우엉, 토란 등에 함유되어 있으며, 이들은 식용하기 전에 물에 담그면 이 맛을 제거할 수 있다. 아린 맛은 주로 호모겐티스산(homogentisic acid), 알칼로이드(alkaloid)류, 무기염에 의한 것이다.

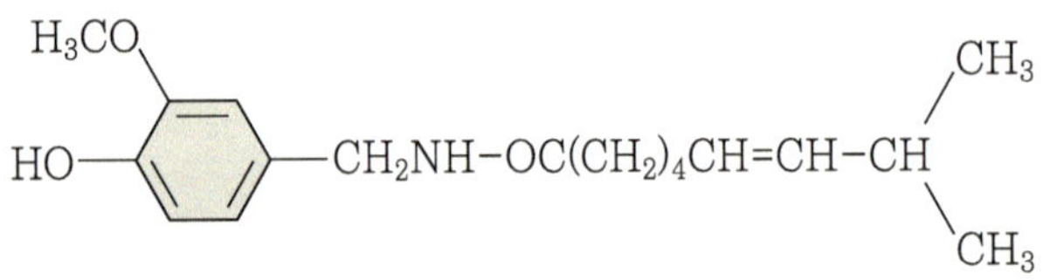

capsaicin
매운맛 성분

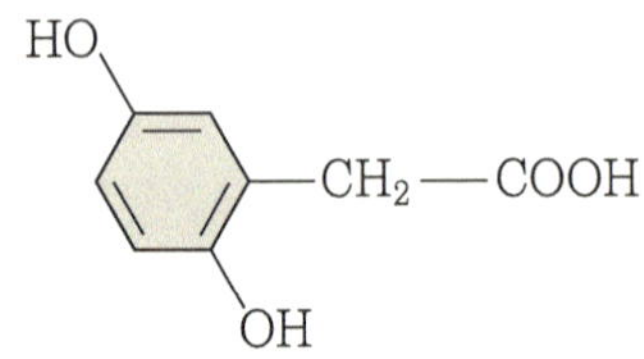

homogentisic acid
아린 맛 성분

3. 식품의 색

식품의 색을 내는데 사용하는 화학물질은 대략 30종류가 있으며 합성색소와 천연색소로 나뉜다. 대부분의 색소는 여러 개의 이중결합과 방향족 고리를 갖는 분자구조가 큰 유기화합물이다. 이 공액이중결합 구조에 있는 전자들은 가시광선의 특정한 파장의 빛을 흡수하고 나머지 파장들은 그대로 투과시킨다. 이 투과된 빛의 파장에 의해 물질의 특징적인 색깔이 결정되어 우리 눈에 느껴지는 것이다.

따라서 색소가 지니고 있는 색은 그들의 특징적인 화학구조에 따라 달라지게 된다. 일반적으로 색소는 발색의 기본이 되는 원자단을 발색단이라고 한다. 카보닐기(〉C=O), 아조기(−N=N−), 에틸렌기(−C=C−), 니트로기(−NO_2), 니트로소기(−NO), 티오카보닐기(=C=S) 등과 같이 길게 연결된 공액이중결합을 가지고 있는데, 이 부분이 빛을 흡수한다. 한편, 색소에는 발색단 이외에 이것과 결합한 수산기(−OH)와 아미노기(−NH_2) 등의 조색단을 가지고 있다.

식품의 색은 불안정하기 때문에 산소, 빛, 습기, 효소 및 미생물에 의하여 변화되며 저장과 가공 시에도 이와 같은 변화가 현저히 일어나므로 식품의 본래 색을 재현하여 식욕을 자극할 목적으로 인공착색료가 많이 사용되고 있다.

식품 중에 존재하는 색소는 클로로필(chlorophyll), 헴(heme), 카로티노이드(carotenoid), 플라보노이드(flavonoid), 안토시안(anthocyan), 갈변반응의 생성물(melanoidine) 등이 있다.

(1) 클로로필

클로로필(chlorophyll)은 식물의 녹색을 대표하는 색소이며 클로로필 a(청록색)와 b(황록색)의 두 가지 종류의 물질로 이루어져 있다. 세포 내에서 클로로필은 단백질과 복합체를 만들어 엽록체 중에 존재하고 있다. 클로로필은 4개의 피롤이 결합하여 형성된 포오피린(porphyrin)이라는 복잡한 구조의 질소 함유 화합물이며, 이 포오피린 핵의 중심이 마그네슘(Mg^{2+})을 함유하고 있다.

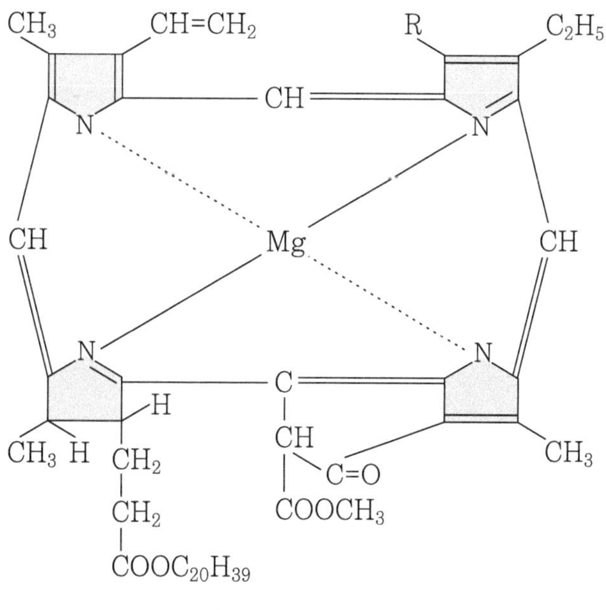

〈클로로필의 구조〉

녹색 채소를 소금에 절여 발효시켰을 때 녹갈색으로 변색되는 것은 젖산에 의하여 클로로필이 변화되기 때문이다. 조리 과정 중에 발생하는 색의 변화는 채소의 조직이 파괴되어 유리된 조직 중의 휘발성 및 비휘발성 산과 클로로필이 반응하여 페오피틴을 생성하기 때문이다. 이와 같은 변화를 억제하기 위해서는 유리된 휘발성 산을 빨리 증발시켜 클로로필과

산의 반응시간을 단축시켜야 한다. 따라서 조리를 할 때에는 물을 먼저 끓인 후에 녹색 채소를 넣고 뚜껑을 덮지 않은 상태로 고온에서 짧은 시간 끓여 주고, 또한 간장과 된장 같은 산성식품을 나중에 넣는 것이 바람직하다.

(2) 헴

식육의 붉은색은 육색소인 미오글로빈(myoglobin)과 혈색소인 헤모글로빈(hemoglobin)이라는 2종류의 색소단백질에 의한 것이다. 이들은 헴(heme)이라고 알려진 비단백 부분과 글로빈(globin)이라고 알려진 단백질 부분이 결합한 것이며, 미오글로빈은 헴과 글로빈이 결합한 구조이며, 헤모글로빈은 4개의 소단위체(subunit)로 구성되어 있다. 육류 또는 육류가공품은 가급적 피를 많이 제거하기 때문에 육류의 색은 90%가 미오글로빈에 의한 것이고, 헤모글로빈도 근육 속에 분포되어 있는 모세혈관에 남아 있는 것이 육색에 영향을 미치고 있다.

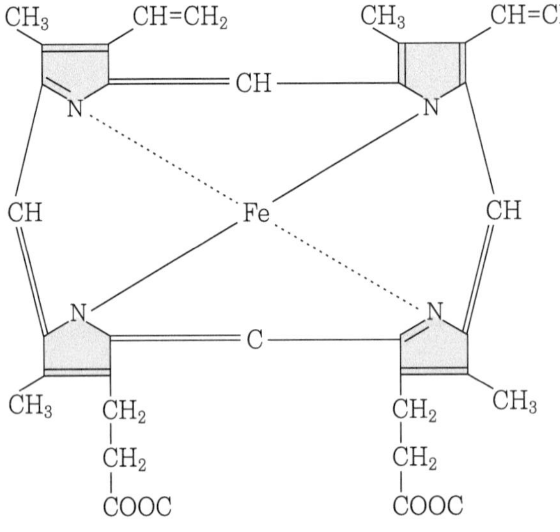

〈헴의 구조〉

헴은 그 구조가 클로로필과 아주 유사하며, 포오피린의 일종인 프로토포오피린(protoporphyrin)의 중심에 Mg^{2+} 대신에 Fe^{2+}를 가지고 있다.

미오글로빈(myoglobin)은 적자색의 색소이지만 여기에 분자상의 산소가 결합하면 옥시미오글로빈(oxymyoglobin)이 되어 선홍색이 된다. 이 경우, 프로토포오피린 핵의 중심에 있는 Fe^{2+}은 그대로 있지만 옥시미오글로빈이 계속 공기와 접촉하면 Fe^{2+}은 Fe^{3+}으로 산화되어 암갈색의 메트미오글로빈을 생성한다. 그러나 아스코르브산 나트륨(sodium ascorbate) 등의 환원제가 존재하면 메트미오글로빈(metmyoglobin)은 미오글로빈으로 환원된다.

생육을 가열하면 미오글로빈의 단백질 부분인 글로빈이 변성되어 갈색의 가열육으로 변화되는데, 이 갈색의 색소를 메트미오크로모겐이라 부른다.

햄이나 소세지 등의 육가공품을 제조할 때에는 가공품의 색이 갈색으로 변색되는 것을 방지하기 위하여 아질산염($NaNO_2$ 또는 KNO_2)을 사용한다.

(3) 카로티노이드

카로티노이드(carotenoid)는 황색 등 홍색의 색소로서 동·식물성 식품에 널리 분포되어 있으며, 배당체나 에스테르 형태 또는 단백질과 결합한 형태로 존재한다. 카로티노이드라는 이름은 당근의 색소인 카로틴(carotine)에서 유래된 것이다.

카로티노이드의 색은 클로로필과 공존하는 경우에는 그 녹색에 가려 나타나지 않지만, 클로로필이 분해되면 나타난다. 카로티노이드는 탄화수소 카로틴류와 수산기(-OH)를 갖는 잔토필류로 분류된다.

β-카로티노이드의 구조는 대체로 8개의 이소프렌 단위가 결합하여 형성된 테트라테르펜을 기본 구조로 가지고 있다.

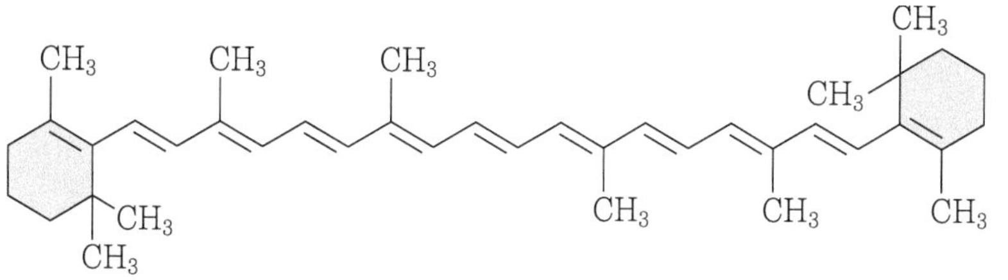

β-carotene

카로티노이드는 일반적으로 지용성이며 물에는 녹지 않는다. 고등동물조직 중에 존재하는 카로티노이드인 아스타잔틴(astaxanthin)이 단백질과 결합하여 청흑색을 나타내지만 가열하거나 산성 상태일 경우 단백질의 변성에 의하여 아스타잔틴(적색)이 분리되고 이것이 더욱 산화되면 아스타신으로 변하여 붉은색을 나타낸다.

(4) 플라보노이드

플라보노이드(flavonoid)는 식물에 널리 분포하는 황색계통의 색소이며 유리된 상태 또는 배당체의 형태로 존재한다. 넓은 의미의 플라보노이드는 C_6-C_3-C_6를 기본 구조로 하는 화합물의 총칭이며, 좁은 의미의 플라보노이드는 플라본(flavon), 플라보놀(flavonol), 이소플라본(isoflavone), 플라보논(flavanone) 등을 말한다.

플라보노이드는 A환, B환에 많은 수산기를 갖고 있으며, 3과 7위치의 수산기에 여러 당류가 글리코사이드 결합을 한 배당체가 많다.

루틴(rutin), 헤스페리딘(hesperidin)은 비타민 P로서의 생리작용을 가지며, 또한 아스코르브산의 산화를 억제하여 모세혈관의 증강작용을 갖는다.

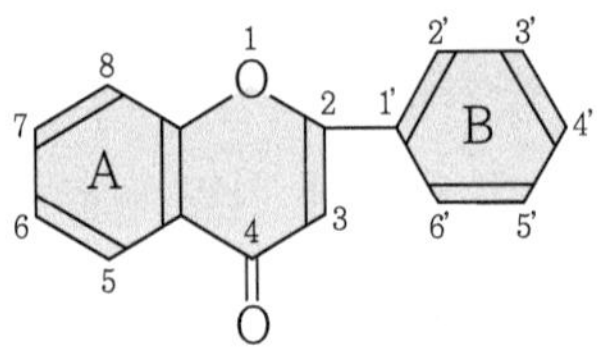

Flavone

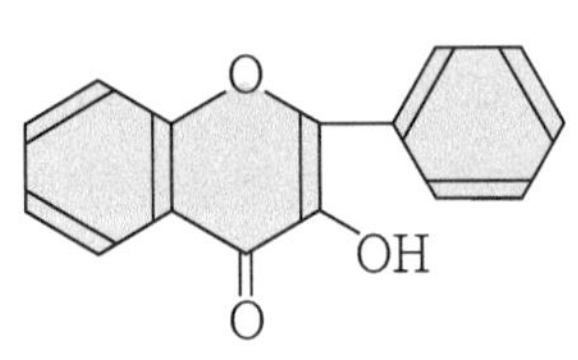

Flavonol

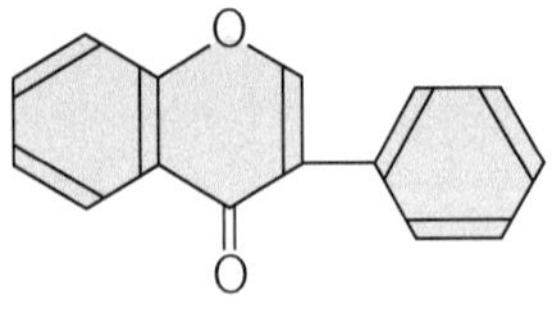

Isoflavone

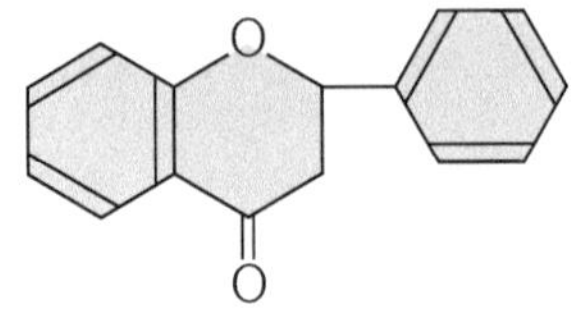

Flavanone

(5) 안토시아닌

안토시아닌(anthocyanin)은 식물의 꽃, 과일, 잎, 줄기 및 뿌리에 존재하는 적, 자, 청의 색소 배당체이며 산, 알칼리, 효소 등에 의해 쉽게 가수분해되어 아글리콘(aglycon)인 안토시아니딘(anthocyanidin)과 당류로 분리된다.

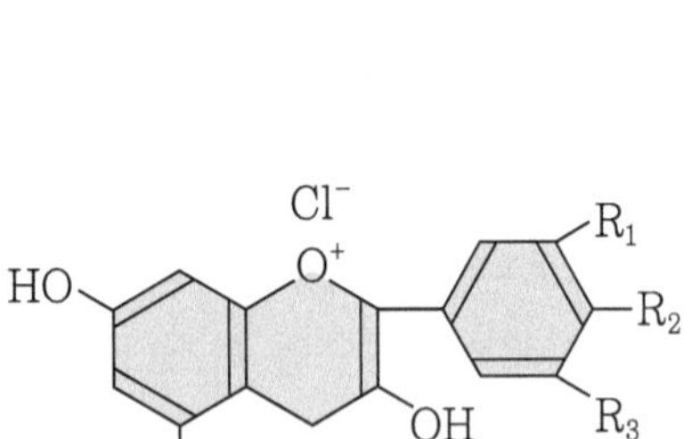

〈안토시아닌의 구조〉

안토시아닌계 색소는 수용액의 pH에 따라 그 색깔

이 변화되는데, 산성에서는 적색을 나타내며 알칼리성에서는 청색을 나타낸다. 또 안토시아닌은 금속과 청색의 착염을 만들어 변색한다. 따라서 가지조림이나 검정콩 조리에 적당한 양의 철분을 첨가하면 그 색깔을 그대로 유지할 수 있다.

4. 식품첨가물

식품에는 다양한 목적으로 식품가공 과정이나 준비단계에서 화학물질을 첨가하는데 이를 식품첨가물이라 한다. 주로 산화를 방지하고 식품의 보존을 위해서 첨가되며, 식품의 색을 내거나 pH를 조절하고 딱딱해지는 것을 막고 안정화시키기 위해서 첨가한다.

〈식품첨가물 사용목적 및 종류〉

용도	정의	사용식품		대표적인 첨가물
착색료	식품에 색깔을 부여하거나 원래의 색깔을 재현한다.	 사탕	 아이스크림	식용색소, 녹색제3호 등
감미료	식품에 단맛을 주며 설탕에 비해 단맛이 강하다.	 사탕	 청량음료	아스파탐, 소르비톨
보존료	미생물에 의한 오염으로부터 식품을 보호하여 저장기간을 연장한다.	 소시지	 어묵	소르빈산, 안식향산 등
착향료	가공식품에 향을 나게 하여 식욕을 높인다.	 초콜릿(ㅇㅇ맛) 우유	 과일음료	바닐린, 개미산게라닐 등

용도	정의	사용식품		대표적인 첨가물
산미료	식품에 신맛을 부가하거나 산도를 증가시킨다.	 청량음료	 과일통조림	구연산, 빙초산
표백제	색소를 파괴하여 흰색 식품으로 만들거나 착색 후 색을 아름답게 하기 위해 착색 전에 표백시킨다.	 도라지	 아이스크림	아황산나트륨 등
팽창제	가스를 방출함으로써 반죽의 부피를 증가시킨다.	 케이크	 빵	명반, 탄산수소나트륨 (중조)
유화제	식품의 품질을 좋게 하고, 두 종류의 액체가 잘 섞이도록 해준다.	 아이스크림	 치즈	글리세린지방산 에스테르 등

(1) 식품의 보존

가장 오래된 보존방법은 곡류, 과일, 생선, 육류 등을 건조시키는 방법이다. 물은 미생물의 성장과 대사에 꼭 필요하며 산화작용에도 중요하기 때문에 식품을 건조시키면 식품에 미생물이 번식하거나 산화되는 것을 막을 수 있다.

화학물질을 보존제로 사용할 수도 있는데 소금과 설탕이 가장 전통적인 방법이다. 소금에 절인 육류, 설탕에 저장된 과일은 미생물로부터 안전한데 이는 미생물을 탈수시키는 효과 때문이다. 즉 고농도의 소금이나 설탕은 미생물 주변을 hypertonic(주변보다 높은 농도를 유지하는)상태를 만들며 이는 삼투압작용을 일으켜 미생물에 함유된 물이 빠져나오기 때문이다.

통조림은 식품의 미생물을 죽이기 위해 가열을 한 후 병이나 깡통에 넣어 밀봉함으로써 다른 미생물이나 산소가 침범하지 못하게 하여 보존하는 방법이며 새로운 식품보관기술로는 냉동, 살균, 진공, 저온저장, 방사선조사, 화학적 보존방법 등이 있다.

항균활성이 있는 보존료 등의 화학물질을 첨가하는 것은 무균상태를 만들지는 못하지만 장기간 식품을 보존할 수 있는 방법으로 식품에 흔히 사용하는 첨가물로는 안식향산나트륨, 프로피온산나트륨 등이 있다.

(2) 식품의 산화

식품의 산패는 미생물의 활동, 공기 중의 산소에 의한 산화 등에 의해 발생한다. 식품이 공기 중에 노출되어 일어나는 산화가 지방질 함유 식품의 산패를 일으키는 주원인이다.

이를 막기 위해서는 포장을 잘 하여 저온에서 건조하게 보관하거나 항산화제를 첨가하는 방법이 있다. 가장 흔히 사용하는 항산화제는 butylated hydroxyanisole(BHA)과 butylated hydroxytoluene(BHT)이다. 항산화제를 사용하지 않으면 지방은 산화되어 휘발성의 알데하이드, 케톤 및 산화 혼합물을 만들어 상한 냄새와 맛을 낸다.

(3) 금속제거제

식품에 구리, 철, 니켈과 같은 금속성분이 함유되어 있으면 이들은 금속상태 또는 이온상태에서 지방의 산화를 촉매하게 된다. 그러나 구연산을 첨가하면 구연산 분자는 산화제인 금속이온과 결합하여 촉매를 못하게 하면 BHT나 BHA와 같은 항산화제가 더욱 효과적으로 산화를 방지할 수 있다. 구연산 외에도 EDTA(ethylenediaminetetraacetic acid) 나트륨염이나 칼슘염도 금속제거제로 허용되어 식품에 사용된다.

(4) 향미증진제

향을 내는 것은 휘발성 혼합 화합물이다. 식품으로부터 맛은 단맛, 신맛, 짠맛, 쓴맛 정도만 구별이 가능하기 때문에 식품에서 느끼는 대부분의 맛은 향이라고 할 수 있다.

향미증진제란 그 자체로는 맛이 전혀 혹은 거의 없으나 다른 물질의 맛을 증폭시키는 상승작용과 강화효과를 내는 화합물이다. 이와 같은 증진제는 그 자체로는 특별한 영향을 받지 않으나 다른 화합물의 효과를 더욱 강하게 나타나도록 하는 물질이다. 가장 많이 사용되고 있는 3가지 향미증진제는 monosodium glutamate(MSG), 5'-뉴클레오티드, 말톨(maltol)이다. 이중 5'-뉴클레오티드는 특별한 맛을 가지고 있지 않지만 육류의 풍미를 강화시키고 소금의 효과도 증가시키는 역할을 한다.

(5) 식품의 pH 조절

식품 가공과정의 여러 단계에서 산성 첨가제들을 넣어 pH를 조절하고 이를 유지하기 위해 첨가하는 혼합물을 완충제라 한다. 그 외에도 산성화제는 미생물의 성장을 막는 보존제, 상승제, 항산화제, 반죽의 점도를 조정하는 점도변형제, 발라먹는 치즈와 딱딱한 사탕과 같은 가공품의 융점 변화제와 같은 다양한 목적으로 첨가한다. 청량음료, 각종 드레싱 소스, 치즈 등에는 약유기산들을 첨가하여 약한 신맛을 유도하는데 이는 깔끔하지 못한 뒷맛을 감추는 효과가 있기 때문이다. 또한 빵을 구울 때 주석산과 주석산 칼륨과 같은 약산 및 약산염은 중탄산염(bicarbonate)와 반응하여 CO_2를 발생한다.

5. 식품 속의 산과 염기

화학에서 산과 염기는 서로 대립되는 특성을 가진 개념으로 모든 반응의 기초를 이루며 우리 몸에서 일어나는 대부분의 반응을 이해하는데도 매우 중요하다.

HCl(염산)용액은 물에 녹아 수소이온을 내놓는데 이와 같은 물질을 산이라 한다. 염산에 아연이나 마그네슘과 같은 금속을 넣으면 금속이 녹으면서 H_2 기체가 발생한다. 이것은 HCl이 물속에서 깨지면서 생기는 수소이온이 금속의 전자를 빼앗아 수소분자가 되기 때문이다.

NaOH(수산화나트륨)은 물에 녹아서 수산기를 내놓는데 이와 같은 물질을 염기라고 한다. NaOH가 물에 녹으면 수산기가 나오는 성질을 이용하여 예전부터 유기물질을 분해시키거나 막힌 하수도를 뚫어주기도 하고 묽은 용액은 옷감에 묻은 때를 지우기도 한다.

독성이 강한 염산과 수산화나트륨을 각각 1:1씩 섞으면 각각의 독성은 사라지고 마셔도 괜찮은 소금물이 생기는데 산과 염기사이에 중화반응이 일어났기 때문이다.

(1) 생선 비린내와 레몬즙

생선에서 나는 비린내는 약한 염기성을 가진 아민 때문이다. 여기에 시트르산(citric acid)이라는 약한 산성 물질이 풍부한 레몬즙을 뿌려주면 비린내를 풍기는 아민이 중화되면서 휘발성이 적은 염이 만들어지기 때문에 생선의 불쾌한 비린내가 사라지게 된다.

(2) 이온음료는 달콤한 소금물

대부분의 과일은 시트르산이라는 산성 물질이 풍부해 상큼한 신맛을 낸다. 콜라에도 과일즙의 맛과 비슷한 산성물질인 인산이 포함되어 있기 때문에 사람들이 좋아하는데 이처럼 과일의 신맛에 익숙한 사람들이 좋아하도록 만든 음료가 알칼리성 이온음료이다. 이온음료는 화학적으로는 산성이지만 나트륨과 같은 알칼리 이온이 많이 함유되어 있다고 하여 알칼리성 이온음료라고 한다. 그러나 실제로는 약간의 신맛이 나는 달콤한 소금물이다.

(3) 알록달록 안토시아닌

자주색이 나는 베리의 즙을 넣고 빵을 만들면 반죽 속의 염기성 베이킹파우더와 반응하여 짙은 군청색의 빵이 되어버린다. 이것은 베리의 자주색을 내는 안토시아닌이라는 물질 때문이며 안토시아닌은 꽃이나 식품에서 붉은색에서부터 푸른색까지 다양한 색을 낸다.

안토시아닌이라는 한 가지 물질이 여러 가지 색깔을 낼 수 있는 이유는 안토시아닌은 담겨져 있는 용액의 산성도에 따라 색깔이 달라지기 때문이다. 안토시아닌은 매우 복잡한 구조를 지닌 산성 물질로 수소이온이 결합하면 그 색깔이 달라지는 특성을 가지고 있다. 따라서 수소이온이 많은 산성 용액에서는 붉은색이 되고 중성 용액에서는 보라색이 되며, 수소이온이 거의 없는 염기성 용액에서는 푸른색이 난다.

알아두세요

리트머스지

용액의 산성도에 따라 색깔이 변하는 물질을 지시약이라고 한다. pH(산성도)를 판단하는 리트머스지에 묻어있는 지시약은 산성 용액에서는 붉은색이 되지만 염기성에서는 푸른색이 되는 일종의 유기용매이다. 이렇게 용액의 산성도에 따라서 다른 색깔을 내는 물질은 보라색의 양배추에도 들어있는데 다양한 색소가 포함된 양배추 즙은 용액의 산성도에 따라 붉은색에서 노란색까지 다양한 색깔을 낸다.

6. 식품 속의 발암물질

(1) 아질산염과 니트로소아민

우리가 섭취하는 식품 중 채소, 무, 셀러리, 상추, 시금치 등에는 약 100g 당 200mg의 질산염(nitrate)이 포함되어 있으며 겨자, 케일, 양배추와 같은 십자화과 채소에도 질산염의 함량이 높다. 질산염이 발암물질은 아니지만 입안의 침과 장의 박테리아에 의해 아질산염으로 변화되며 이것은 신체에 존재하는 여러 화합물과 반응하여 니트로소아민(nitrosoa mine)이라고 불리는 화합물을 생성한다. 실제로 질산염이 니트로소아민으로 바뀌는 양은 매우 적지만 동물실험에서 니트로소아민은 매우 강력한 발알물질임이 밝혀졌다.

아질산염은 어류, 가금류, 육류에도 매우 적게 함유되어 있지만 육류로부터 노출되는 아질산염은 채소류에 비해 1/8 수준이다. 육류 중에서도 주로 베이컨이 원인이라 추정된다.

(2) 요리과정 중 발생하는 발암물질

숯불구이나 훈연, 튀길 때 타거나 갈색으로 변하는 물질이 생겨나는데 이들은 주로 단백질성분이 분해되면서 나오는 것이며 매우 강력한 돌연변이원이다. 탄 물질을 분석한 결과 일부 화합물은 돌연변이를 일으키고 암을 일으키는 것으로 밝혀졌다.

이런 화합물 중에는 헤테로사이클릭 아민(heterocyclic amine)이 있는데 주로 식품의 아미노산이 열을 받아서 생성되며 TrpP1, TrpP2, PhIP, MeIQ 등으로 불리는 물질들이다. 헤테로사이클릭 아민은 조리온도와 관계가 있는데 낮은 온도로 끓이거나 전자렌지를 사용하는 것보다 석쇠구이를 한 쇠고기나 어류, 토스트, 커피, 감자튀김 등에서 발견되었다.

다륜성 방향족 탄화수소(polycyclic aromatic hydrocarbon)는 벤조피렌으로 대표되는데, 이것은 발암물질로도 작용을 하지만 다른 물질의 암을 일으키는 능력을 촉진시키는 것으로 알려져 있다.

(3) 곰팡이 독소

아플라톡신(aflatoxin)은 땅콩이나 옥수수 등 곡류에서 발견되는데 아플라톡신에 노출되는 것은 보관과정이 적절치 않아 곰팡이가 생겨서 발생된다. 아플라톡신은 주로 *Asperg illus flavus*라는 곰팡이가 생성하는 독소로 덥고 습도가 높을 때 발생된다. 이 물질은 매우 잘 알려진 발암물질이며 독성도 강한데 특히 아플라톡신 B_1은 간암을 일으키는 것으로 밝혀졌다. 옥수수에서도 가끔 푸사리움(fusarium) 곰팡이에 의해서 간암을 일으키는 발암물질이 생성된다.

7. 식품 속의 항암물질

우리 몸은 활성산소의 공격으로 보호하는 방어기전인 항산화체계를 갖고 있다. 항산화체계는 항산화물질과 항산화효소계로 나뉘는데 주로 활성산소종을 공격성이 없는 물질로 전환시키거나 활성산소종과 결합하여 무력화시키거나 제거하는 항산화작용을 한다. 우리 몸에서 항산화작용을 하는 물질로는 비타민 E, 비타민 C, 베타카로틴, 셀레늄과 같은 항산화영양소와 파이토케미칼이 있으며 이들은 대부분 식품을 통해 공급된다.

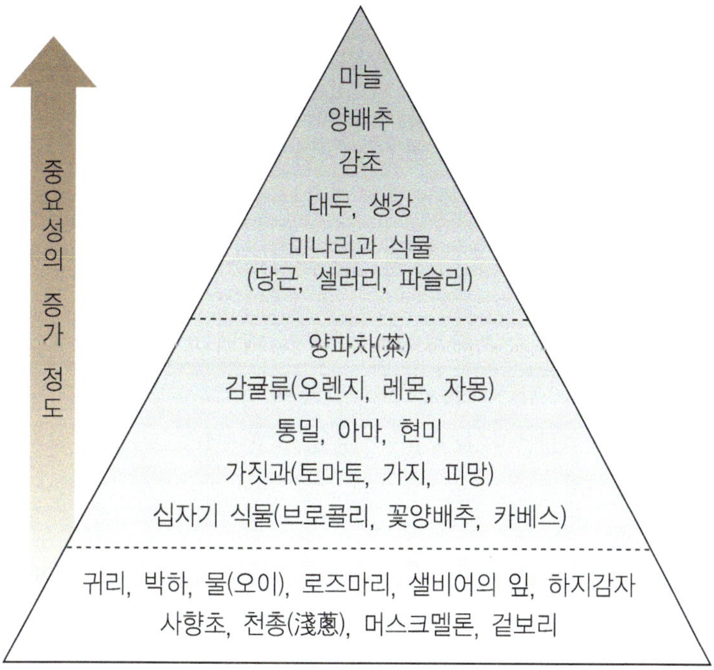

※참고: 샐비어(salvia)의 잎: 서양 요리의 향신료에 쓰임
사향초(thyme): 향미료의 하나, 유럽 원산의 백리향을 가루로 만들어 사용함
천총: 달래과에 속하는 다년초로 높이는 30cm 정도이며 잎은 파같이 가늘고 식용함

〈항암 식품의 종류〉

(1) 비타민 E

비타민 E는 세포막에서 활성산소에 의한 연쇄반응을 중단시켜 지질과산화를 막아주는 천연 지용성 항산화제이다. 비타민 E의 활성은 토코페롤과 토코트리에놀이 갖고 있으며

토코페롤 중 α-토코페롤이 가장 항산화 활성이 높다. 비타민 E는 $\cdot O_2^-$, 일중항산소와 반응하여 지질을 보호하며 비타민 C에 의해 환원형으로 재생된다.

$$\text{vitamin E} + \text{LOO}\cdot \rightarrow \text{vitamine E}\cdot + \text{LOOH}$$

(2) 비타민 C

비타민 C는 수용성 항산화제로 단일전자를 활성산소에 주어 항산화기능을 하는데 $\cdot O_2^-$, $\cdot OH$를 무독화 시키며 단일상태산소(singlet oxygen)를 제거하고 비타민 E•를 환원형 비타민 E로 재생시킨다. 즉 비타민 C는 자신이 라디칼과 직접 반응하여 AH•(ascorbyl radical)가 생성되고 두 분자의 AH•는 아스코르브산염(ascorbate)과 디하이드로아스코르브산(dehydroascorbate)이 된다. 비타민 C는 이와 같은 작용을 통해 라디칼을 소거하여 막지질의 산화를 막고, 콜라겐 조직을 강화하여 암세포가 확산되지 않도록 한다. 또한 위장에서 식품 중의 질산염이 아질산염으로 전환되는 것을 저해하여 발암물질로 알려진 니트로사민의 생성을 억제한다.

$$AH^- + R\cdot \rightarrow AH\cdot + R^-$$
$$AH^- + AH\cdot \rightarrow AH^- + A + H^-$$

(3) β-카로틴

식물성 식품에서 β-카로틴은 녹황색 채소 즉 당근, 시금치, 고춧잎 등에 풍부하게 함유된 지용성 색소 성분이다. 세포막의 지질과산화와 LDL의 산화를 막아주고 면역세포의 수를 증가시켜 면역기능을 향상시킨다. 또한 일중항산소, 라디칼을 제거하여 폐암, 위암예방에 효과적이다.

(4) 파이토케미칼

파이토케미칼(phytochemical)은 식물성을 의미하는 '파이토'와 화학을 의미하는 '케미칼'의 합성어로 우리 몸을 위해 대신 싸워주는 생리활성물질을 가지고 있는 식물영양소이다. 생명유지를 위해 반드시 섭취해야 하는 필수영양소는 아니지만 건강과 영양에 유익한 생리활성물질을 제공하므로 제 7의 영양소라고 불리며 대부분 항산화작용을 한다.

〈식품에 존재하는 파이토케미칼의 종류와 기능〉

색	종류	생리적기능	급원식품
빨강	라이코펜(lycopene)	전립선암 위험률 감소	토마토
	엘라그산(ellagic acid)	DNA 손상감소, 전립선암, 대장암 등 항암효과	석류, 딸기, 호두
노랑	α-카로틴	자유라디칼에 의한 DNA 손상방지, 아포토시스(apoptosis) 방지	오렌지, 호박, 당근
	β-카로틴	강력한 항산화제, 자유라디칼 손상방지	당근, 고구마, 단호박, 바나나, 망고
	헤스페리딘(hesperidin)	항산화효과, 만성질환예방	레몬, 감귤
	β-크립토잔틴	류마티스 관절염과 같은 면역계질환 위험감소	호박, 후추, 귤, 오렌지
초록	에피갈로카테킨갈레이트(epigallocatechin-3-gallate, EGCG)	알츠하이머의 신경손상방지, 암세포증식억제, 류마티스관절염, 림프구성백혈병에 효과	녹차, EGCG제품
	루테인(lutein) 제아잔틴(zeaxanthin)	시력감퇴 위험감소, 시력보호	녹색잎채소
	이소플라본(isoflavones)	식물성 에스트로겐, 항산화활성, 폐암위험률 낮춰줌	대두, 두류제품
검정	안토시아닌(anthocyanins)	인지능력 향상, 뇌손상방지, 우울증감소	베리류(블루베리 등), 포도
	라스베라트롤(resveratrol)	심장질환효과, 비만에 효과, 노화예방	포도, 코코아, 다크초콜릿, 땅콩
흰색	알리신(allicin)	심장건강에 효과, 콜레스테롤과 혈압감소	마늘
	퀘르세틴(quercetin)	항산화, 항돌연변이효과 인지장애 질병 및 골밀도에 효과	사과, 양파

주요용어

원자 atom

물질의 기본적인 구성 요소이다. 이는 원자핵과 전자 등의 미세한 입자로 구성되어 있고, 또 원자핵은 양자, 중성자 등의 미립자로 되어 있다. 19세기 초 돌턴(J. Dalton)에 의해 원자 개념의 기초가 세워졌고, 또 아보가드로(C. A. Avogadro)는 '모든 기체는 막대한 수의 분자로 되어 있고, 같은 조건하에서의 분자 수는 종류에 관계없이 일정하다'는 가설을 세웠다. 여러 가지 화학반응에 의해 분자는 더 작은 원자로 되어 있다는 것을 입증했다.

분자 molecule, 分子

물질의 화학적 성질을 가지는 최소단위로 원자의 전기적 결합으로 생성된다. 분자의 개념은 1811년 아보가드로가 기체에서 가설적으로 도입하였고, 그 후 브라운 운동 등에 의해 실재성이 확인되었다. 분자의 개념은 기체에 있어서 확립되었으며, 액체나 고체에 있어서의 개념은 뒤에 밝혀졌다.

분자량 molecular weight, molar weight

12C(탄소 12)의 원자 1개의 질량을 12로 했을 때, 어떤 분자 1개의 질량과 12C 원자 1개의 질량의 비로 분자량은 분자의 상대적인 질량을 나타내는 것이다.

원소기호 symbol of elements

원소에는 각각의 성질, 발견의 역사, 지명, 신이나 사람의 이름을 따서, 국제적으로 공통인 명칭이 붙여져 있다. 이에 대하여, 대개의 경우 그 머리글자로 시작하는 1 또는 2문자로 된 알파벳을 대응시켜, 원소기호(또는 원자기호)로 쓴다. 첫 글자는 대문자, 두 번째는 소문자로 쓴다. 예를 들면, 수소는 hydrogen의 H, 철은 라틴어의 ferrum에서 Fe 등이다.

원자가 valence

분자 내에서 1개의 원자가 다른 몇 개의 원자와 결합하느냐를 나타내는 것이다. 수소원자의 원자가를 1로 하고, 수소원자와 1:1로 결합하는 원자의 원자가는 1이라고 정한다. 물 H-O-H로, H에서 나오는 결합의 손은 하나, O에서 나오는 손은 2개여서, 산소의 원자의 원자가는 2이다. n개의 수소원자와 결합하는 원소의 원자가는 n가, m개의 산소원자와 결합하는 원소는 2m가이다.

원자가전자 valence electron

각각의 원자의 가장 바깥쪽에 있는 궤도의 전자로서 보통은 s궤도, p궤도의 전자를 말한다. 원자끼리의 화학결합에서 중요한 역할을 하며, 원자가의 원인이 된다. 공유결합의 경우는 공유결합에 관계되는 전자가 원자가전자인데, 금속의 착이온 등의 경우는 s궤도, p궤도뿐만 아니라 결합에 관계되는 d궤도의 전자도 포함된다.

원자량 atomic weight

각각의 원소의 원자의 상대적인 질량이다. 처음에 수소원자를 1로 하고 다른 원소의 원자의 질량을 정하려고 했는데, 산소 쪽이 다른 원소와 화합하기 쉬우므로 산소원자를 16으로 하고 원자량이 정해졌다. 그 후 동위원소가 발견되어, 원자량은 각각의 원소 속에서 몇몇 동위체의 평균값이라는 것이 밝혀졌다.

원자번호 atomic number

원자는 양성자, 중성자가 결합해서 이루어진 원자핵과 그 둘레를 도는 핵외전자로 이루어진다. 전기를 띠고 있지 않은 중성의 원자에서는 양전하의 양성자와 음전하의 전자는 수가 같은데, 이 수를 원자번호라 부른다. 각 원자의 화학적 성질은 전자의 배치에 따라서 결정되므로 전자의 수를 나타내는 원자번호는 매우 중요한 양으로서, 주기율표에서의 원소의 배열은 이 번호에 따르고 있다. 현재 원자번호 1인 수소에서부터 107까지의 원소가 발견되어 있는데, 앞으로 늘어날 가능성이 있다.

유기화합물 organic compound

원래는 생물작용에 의하여 생긴 화합물을 유기화합물이라 부르고, 그 이외의 화합물을 무기화합물이라 불렀다. 1828년에 독일의 화학자 뵐러가 생물작용에 의하지 않고 순수화학적 수법으로 요소를 합성하고 나서 이 어원의 근거가 상실되었다. 오늘날에는 탄소화합물 중 소수의 산화물(CO, CO_2 등), 탄산염(Na_2CO_3 등) 등을 제외한 것을 총칭하며, 유기물이라고도 한다.

고분자 macromolecule

분자량이 큰 화합물로 일반적으로 분자량이 1만 이상인 것을 고분자화합물 또는 고분자라 하여 저분자화합물과 구별한다. 단지 분자량이 많다는 것을 의미할 뿐 뚜렷한 한계가 있는 것은 아니다. 고분자화합물은 일반적으로 저분자화합물만큼 종류는 많지 않으나, 우리 주변에 가까이 있기 때문에 의식주와 밀접한 관계가 있다. 돌이나 흙, 금속 또는 결정상 저분자화합물을 제외하고는, 형태를 갖추고 있는 것의 대부분을 고분자로 볼 수 있다.

이중결합 double bond

분자 속의 2개의 원자가 2개의 결합의 방법으로 결합해 있을 때 그 결합을 이중결합이라 부르고, 2개의 선(=)으로 나타낸다. 예) 불포화지방산

공유결합 covalent bond

화학결합의 한 형식으로 2개의 원자 사이에서 각각의 원자가 서로 하나씩의 전자를 내어, 그 2개의 전자를 양쪽의 원자가 공유하는 데 의하여 이루어지는 화학결합이며 전자쌍결합이라고도 한다. 공유결합의 전형적인 예로는 수소분자를 들 수 있다. 공유결합에 있어서는 결합에 관여하고 있는 전자를 점으로 나타내며, H:H, C:C와 같은 기호로 표시한다.

구조 이성질체 structural isomerism

분자 속의 원자 배열순서가 다른 데에 기인하여 이성질체가 생기는 현상이다. 구조 이성질은 다시 ① 뷰테인, 이소뷰테인과 같은 탄소사슬의 차이에 기인하는 탄소사슬 이성질체, ② 2치환 벤젠의 오르토(o-), 메타(m-), 파라(p-) 이성질체와 같은 작용기의 위치의 차이에 기인하는 위치 이성질체, ③ 에탄올과 디메틸에테르와 같은 작용기의 차이에 기인하는 작용기 이성질체 등으로 분류된다.

수소결합 hydrogen bond

산소, 질소, 플루오린 등의 전기음성도가 큰 원자 2개 사이에 수소원자가 들어감으로써 이루어지는 화학결합이다. 전기음성도가 큰 원자 X에 수소원자가 결합하면 X원자 쪽에 전자가 치우쳐, 수소원자는 부분적으로 플러스(+)로 대전되고, 이 수소원자와 다른 분자의 전기음성도가 큰 원자 사이에 작용하는 약한 전기적인 인력으로 수소결합이 이루어진다. 수소결합은 단백질, DNA, 얼음의 결정이 특이한 입체구조를 보이는 원인이 되고 있다. 수소결합은 공유결합보다도 훨씬 약하기(약 1/20~1/10) 때문에 물이나 알코올 등의 액체 속에서는 결합이 고정되지 않고, 계속 끊어지거나 다른 분자와 결합을 되풀이하고 있다.

이온결합 ionic bond

반대 전하를 가진 두 이온의 인력을 통해 형성된 결합, 즉 음이온과 양이온이 정전기적으로 서로 끌어당겨서 이루어지는 결합이다. 염소원자가 전자 1개를 여분으로 얻어서 생기는 염화물이온 Cl^-와 나트륨원자가 전자 1개를 잃어서 생기는 나트륨이온 Na^+에서, 이온결합에 의한 화합물로서 염화나트륨 NaCl이 생긴다.

양자수 quantum number

원자, 분자 등을 양자론으로 다루는 경우, 정상 상태를 특정짓는 물리량의 값은 연속적인 값을 취할 수가 없고 불연속인 값만이 허용된다. 이때 상태가 양자화되어 있다고 말하고 허용되는 값을 양자수라고 한다. 예컨대, 원자의 정상 상태는 에너지에 관계되는 주양자수와, 궤도각 운동량의 크기를 나타내는 방위양자수, 그 성분을 나타내는 자기양자수 및 스핀 양자수로 그 성분에 따라서 지정된다. 두 상태 간의 천이는 양자수끼리의 관계가 어떤 조건을 충족시키는 경우에만 일어날 수 있다.

주양자수 principal quantum number

'원자의 중심에는 원자핵이 있고, 그 둘레를 원자번호에 상당하는 수의 전자가 돌고 있다' 고 모형적으로 생각할 수 있다. 전자는 원자핵을 여러 겹으로 둘러싸고 전자궤도를 이루며, 각각의 궤도상을 도는 전자의 상태는 양자수라 부르는 몇 종류의 불연속인 양으로 결정된다. 그 중 전자의 에너지를 결정하는 것이 주양자수 n인데, n=1, 2, 3…인 정수이다. n이 정수이므로 그것으로 결정되는 전자의 에너지도 n이 클수록 불연속으로 증가한다. 또 n이 큰 전자일수록 원자핵에서 먼 궤도를 돌고 있다.

작용기 functional group

같은 화학적 특성을 지니는 한 무리의 유기화합물에서, 그 특성의 원인이 되는 공통된 원자단, 또는 그런 결합양식을 말한다. '-OH', '-CHO' 따위가 있다.

= 관능기 · 기능기 · 기능 원자단

식생활 속의 유기화학 참고문헌

- 강종민 역, 유기화학 길라잡이, 라이프사이언스, 2007
- 강인수 외 공저, 현대식품화학, 지구문화사, 1998
- 고광오 외 공저, 응용과학을 위한 유기화학, 파워북, 2010
- 구인선 외 공역, 유기화학, 탐구당, 1997
- 김건희 외 공저, 재미있는 식품화학, 수학사, 2013
- 김경태 역, 기본유기화학, 도서출판 청문각, 2007
- 김동운 외 공저, 기초유기화학, 지구문화사, 1992
- 김미리 외 공저, 건강에 도움이 되는 기능성식품, 파워북, 2015
- 김종호 저, 유기화학, 형설출판사, 1998
- 김지호 외 공역, 유기화학, 한티미디어, 2003
- 김태린 외 공역, 유기화학개론, 탐구당, 1991
- 미국국립암연구소
- 서울특별시, 시민과 함께하는 식품안전 생활실천 캠페인, 알수록 건강해져요, 2011
- 유기화학교재편찬위원회 편저, 유기화학, 도서출판대학서림, 1994
- 이갑상 외 공저, 대학유기화학, 지구문화사, 1991
- 이기창 외 공저, 유기화학, 형설출판사, 1993
- 이서래 외 공저, 최신 식품화학, 신광출판사, 2010
- 이숙영 외 공저, 식품화학, 파워북, 2013
- 이춘령 외 공저, 대학유기화학, 수학사, 1995
- 이현기 저, 유기화학, 교문사, 1994
- 조수열 저, 식품학·영양학을 위한 유기화학, 수학사, 1993

- 차진순 외 공역, 유기화학, 형설출판사, 1993
- 채우기 외 공역, 유기화학, 교보문고, 2006
- 최혜미 외 공저, 21세기 영양학, 교문사, 2011
- 허태성 외 공역, 유기화학, 탐구당, 1997
- 화학교재연구회, 화학이야기, 자유아카데미, 2005
- 中山傳明 外 共著, 初步からの有機化學, 裳華房, 1988
- 成田吉德 譯, 基礎 有機化學, 化學同人, 1993
- Grant Press, 1982
- Noh, T. H.; Choi, S. S.; Kang, S. J.; Lee, S. Y.; Bae, B. I.; Go, S. Y.; Ju, Y.; Choi, S. Y. Chemistry I, Chunjae Press: Seoul, 2011

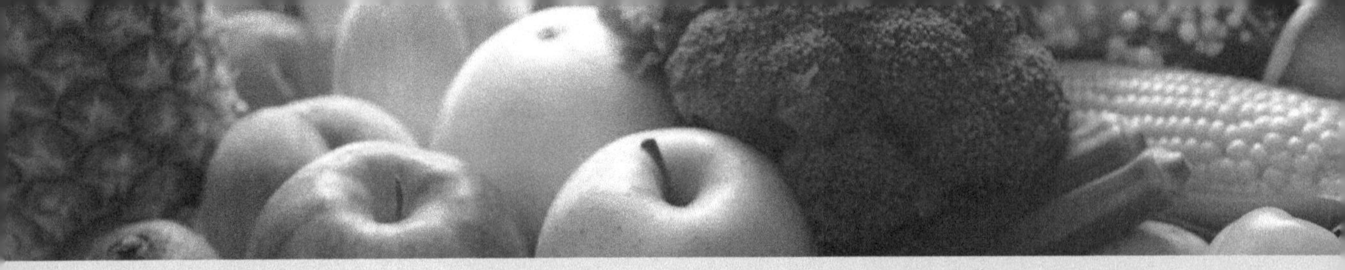

| 저자 소개 |

류혜숙

- 숙명여자대학교 이학박사
- 現) 상지대학교 식품영양학과 교수
- **주요저서**
  재미있는 영양 이야기, 쉽게 배우는 영양판정, 식생활관리, 알수록 건강해지는 영양 이야기, 보건 영양학, 4차 산업시대의 식생활가이드, 실무를 위한 영양판정, 이해하기 쉬운 영양교육과 상담

최해연

- 숙명여자대학교 이학박사
- 現) 공주대학교 외식상품학과 교수
- **주요저서**
  공중보건학, 4차 산업시대의 식생활가이드, 식품위생학 및 법규

김경옥

- 숙명여자대학교 이학박사
- 前) 상지대학교 식품영양학과, 공주대학교 식품과학부

이옥환

- 충북대학교 농학박사
- 現) 강원대학교 바이오산업공학부 식품생명공학 전공 교수
- **주요저서**
  식품화학 길라잡이, 식품학 개론, 식품기사 문제 해설서

| 개정판 |

식생활 속의 유기화학

발 행 일	2016년 9월 5일 초판 발행 2022년 2월 14일 개정판 발행
지 은 이	류혜숙, 최해연, 김경옥, 이옥환
발 행 인	김홍용
펴 낸 곳	도서출판 효일
주 소	서울시 중랑구 신내역로3길 40-36
전 화	02) 928-6643
팩 스	02) 927-7703
홈 페 이 지	www.hyoilbooks.com
E m a i l	hyoilbooks@hyoilbooks.com
등 록	2001년 10월 8일 제2021-000091호
가 격	18,000원
I S B N	978-89-8489-495-2